中国环境规划政策绿皮书

中国生态环境区划发展报告（1978—2018）

Progress Report on Ecological and Environmental Zoning in China (1978—2018)

许开鹏　王金南　王夏晖　王晶晶　等 编著

U0252114

中国环境出版集团 · 北京

图书在版编目（CIP）数据

中国生态环境区划发展报告（1978—2018）/许开
鹏等编著. —北京：中国环境出版集团，2019.5
（中国环境规划政策绿皮书）
ISBN 978-7-5111-3989-4

Ⅰ．①中⋯　Ⅱ．①许⋯　Ⅲ．①生态环境—区域规
划—研究报告—中国　Ⅳ．①X321.2

中国版本图书馆 CIP 数据核字（2019）第 093992 号

出 版 人	武德凯
责任编辑	葛　莉
责任校对	任　丽
封面设计	彭　杉

出版发行　中国环境出版集团
　　　　　（100062　北京市东城区广渠门内大街 16 号）
　　　　　网　　址：http://www.cesp.com.cn
　　　　　电子邮箱：bjgl@cesp.com.cn
　　　　　联系电话：010-67112765（编辑管理部）
　　　　　发行热线：010-67125803，010-67113405（传真）
印　　刷　北京中科印刷有限公司
经　　销　各地新华书店
版　　次　2019 年 5 月第 1 版
印　　次　2019 年 5 月第 1 次印刷
开　　本　787×1092　1/16
印　　张　7
字　　数　64 千字
定　　价　48.00 元

《中国生态环境区划发展报告》
（1978—2018）
编 委 会

主 编　许开鹏　王金南　王夏晖　王晶晶

编 委　迟妍妍　张 箫　葛荣凤　张丽荣

　　　　张 信　张丽苹　刘斯洋　付 乐

执行摘要

我国幅员辽阔，区域自然条件、社会经济发展和环境功能差异悬殊，决定了我国必须依据生态环境分区实行分区管理、分类指导。习近平生态文明思想为我国经济发展和生态环境保护指明了方向和路径，在生态文明建设框架下，我国提出了新的国家空间规划体系构想，区域生态环境空间管控与新的空间规划体系的协调和融合成为必然趋势。同时，党的十九大报告将"国家治理体系和治理能力现代化"提上工作日程，生态环境治理体系和治理能力是国家治理体系和治理能力中重要的一环。实践表明，生态环境空间管控应以划定空间管控分区为基础，以制定分区管制要求为核心，以实施差异化政策制度为目的。开展生态环境区划研究，建立生态环境分区管治体系，实行差别化的管理政策，对于加强生态环境保护、有效衔接空间规划体系、完善生态环境治理体系具有重要意义。

本报告从我国生态环境区划发展历程、理论基础、技术方法、分区政策等方面进行了系统梳理，最后提出了对策建议，共包括 5 个章节。其中，发展历程章节根据我国发展历史阶段，将生态环境分区探索和实践总结归纳为"环境质量分类时期""污染治理分区时期""突出生态优先时期""宏观综合决策与要素精细化管理并重时期""面向生态文明建设的生态环境分区管治时期"。理论基础章节结合国内外研究和实践，从地域分异、地域区划与类型区划、现代地域功能、生态环境功能、自然资源产权与生态环境产权等提出了应用理论。主要技术进展章节系统总结了水、大气、土壤以及生态功能区划等要素区划技术，以环境功能区划为主的生态环境功能评价技术，以"三线一单"为基础的生态环境空间评价技术，以大气、水为主的生态环境承载力评价技术，以技术规范编制、系统平台开发等为主的空间管理技术应用。分区政策进展章节从水、大气、土壤以及自然生态管理领域梳理了政策管理措施和框架。发展趋势与建议章节基于我国生态环境本底特点、生态环境部门职能转变、国家规划体系和空间规划体系建设等方面，提出了加快制定生态环境功能区划、完善生态环境规划区划体系以及加强与国土规划体系的衔接融合等对策建议。

本报告以文献综述和资料整理总结为主，力图反映生态环境分区管控领域已有工作基础和未来发展趋势。相关内容可供有关政府部门和研究机构参考。

Executive Summary

Our country has a vast territory, and the differences in regional natural conditions, socio-economic development and environmental functions determine that our country must implement zoning management and classified guidance according to the ecological environment zoning. Xi Jinping's thought of ecological civilization has pointed out the direction and path for China's economic development and ecological environmental protection. Under the framework of ecological civilization construction, China has put forward a new concept of national spatial planning system. The coordination and integration of regional ecological environment spatial control and new spatial planning system has become an inevitable trend. At the same time, the report of the Nineteenth National Congress of the Communist Party of China put "modernization of national governance system and governance capacity" on the agenda of work. Eco-environmental governance system and governance capacity are an important part of the national governance system and governance capacity. Practice shows that the spatial control of ecological environment should be based on the delimitation of spatial control zones, the formulation of zoning control requirements as the core, and the implementation of differentiated policies and systems as the purpose. It is of great significance for strengthening ecological environment protection, effectively integrating into spatial planning system and improving ecological environment management system to carry out research on ecological environment regionalization, establish the system of ecological environment regionalization management and implement differentiated management policies.

This report systematically combs the development history, theoretical basis, technical methods and regionalization policies of China's ecological environment regionalization, and finally puts forward countermeasures and suggestions, including five chapters. According to the historical stage of China's development, the chapter of development summarizes the exploration and practice of eco-environmental zoning as "the period of environmental quality classification", "the period of pollution control zoning", "the period of highlighting ecological priority", "the period of paying equal attention to macro-comprehensive decision-making and refined management of elements" and "the period of eco-environmental zoning management oriented to the construction of ecological civilization". Based on the research and practice at home and abroad, the theoretical chapters put forward the applied theory from the aspects of regional differentiation, regional division and type division, modern regional function, ecological environment function, natural resources property right and ecological environment property right. The main technical progress chapters systematically summarize the dividing technology of water, gas, soil and ecological function zoning, the evaluation technology of ecological environment function based on environmental function zoning, the spatial evaluation technology of ecological environment based on "three lines and one sheet", the evaluation technology of ecological environment carrying capacity based on gas, water and environment, the compilation of technical specifications and the development of system platform, etc. Application of main space management technology. The section on progress of zoning policy combs policy management measures and frameworks from the fields of water, atmosphere, soil and natural ecological management. Based on the characteristics of the ecological environment background, the functional transformation of the ecological environment department, the construction of the national planning system and the spatial planning system, the development trend and suggestion chapters put forward some countermeasures and suggestions, such as speeding up the formulation of the ecological environment functional zoning, improving the ecological environment planning zoning system and strengthening the integration with the national planning system.

This report mainly focuses on literature review and data collation, trying to reflect the existing work foundation and future development trend in the field of ecological environment zoning management and control. Relevant contents can be used for reference by relevant government departments and research institutions.

目录

目录

发展历程

1.1 以环境质量分类为主的阶段（"七五""八五"时期）

1.1.1 水环境质量标准中的分类与区划

1983 年，《地面水环境质量标准》（GB 3838—83）发布，该标准强调了水质级别差异，将水质分为一级、二级和三级，每个标准项目均对应三个标准限值，但是未对水质分级的依据及用途进行说明。1988 年 4 月，《地面水环境质量标准》（GB 3838—88）发布，标准中将"水质分级"改为"功能分类"并沿用至今，各标准项目限值依据地表水水域使用目的和保护目标将水域功能划分为五类,同一水域兼

有多类别的，依最高类别功能划分。有季节性功能的，可分季划分类别。标准规定不同功能水域执行不同标准值。

原国家环境保护总局组织开展了全国水环境功能区划工作，通过水环境功能区划，将全国十大流域、51个二级流域、600多个水系等进行水环境功能区划，基本覆盖了环境保护管理涉及的水域，划定结果分为7类，包括自然保护区、饮用水水源保护区、渔业用水区、工农业用水区、景观娱乐用水区等，以及混合区和过渡区。根据《地表水环境质量标准》（GB 3838—2002）对各分区进行分类管理，其中，自然保护区实行Ⅰ类地表水管制要求；饮用水水源保护区、渔业用水区实行Ⅱ类地表水管制要求；工农业用水区、景观娱乐用水区实行Ⅳ类地表水管制要求；混合区及过渡区实行Ⅴ类地表水管制要求。

1.1.2　大气环境质量标准中的分类与区划

1982年4月，《环境空气质量标准》（GB 3095—82）发布，该标准根据各地区的地理、气候、生态、政治、经济和大气污染程度，确定大气环境质量区分为三类，一类区由国家确定，二类、三类区以及适用区域的地带范围由当地人民政府划定，各类大气环境质量区执行

不同的标准。1996 年 8 月,《环境空气质量标准》(GB 3095—1996)
发布,该标准中首次规定了环境空气质量功能区划分,将环境空气质
量功能区分为三类,一类区为自然保护区、风景名胜区和其他需要特
殊保护的地区;二类区为城镇规划中确定的居住区、商业交通居民混
合区、文化区、一般工业区和农村地区;三类区为特定工业区。《环
境空气质量标准》分为三类,一类区执行一级标准,二类区执行二级
标准,三类区执行三级标准。2012 年 2 月,《环境空气质量标准》
(GB 3095—2012)发布,修订的标准中调整了环境空气功能区分类,
将三类区并入二类区。

1.1.3 土壤环境质量标准中的分类与区划

1995 年 5 月,《土壤环境质量标准》(GB 15618—1995)发布,
该标准根据土壤应用功能和保护目标,将土壤环境质量划分为三类,
其中,Ⅰ类主要适用于国家规定的自然保护区(原有背景重金属含量
高的除外)、集中式生活饮用水水源地、茶园、牧场和其他保护地区
的土壤,土壤质量基本保持自然背景水平;Ⅱ类主要适用于一般农田、
蔬菜地、茶园、牧场等土壤,土壤质量基本上对植物和环境不造成危
害和污染;Ⅲ类主要适用于林地土壤及污染物容量较大的高背景值土

壤和矿产附近等地的农田土壤（蔬菜地除外），土壤环境质量基本上对植物和环境不造成危害和污染。《土壤环境质量标准》分为三级，一级标准为保护区域自然生态，维持自然背景的土壤环境质量的限制值；二级标准为保障农业生产，维护人体健康的土壤限制值；三级标准为保障农林业生产和植物正常生长的土壤临界值。各类土壤环境质量执行不同的标准级别，Ⅰ类土壤环境质量执行一级标准；Ⅱ类土壤环境质量执行二级标准；Ⅲ类土壤环境质量执行三级标准。

以《土壤环境质量标准》为基础，原环境保护部自然生态保护司组织专家起草了"土壤环境功能区划（征求意见稿）"，初步提出土壤环境功能区划定义，指依据各土壤环境单元的承载力（环境容量）及环境质量的现状和发展变化趋势，结合土地利用方式和社会经济发展对土壤环境质量要求，对区域土壤进行的合理划分。它既包括基于土壤环境本身环境功能的差异而进行的土壤目标分区，也包括为了保护土壤环境功能而进行的政策和措施分区。目前"土壤环境功能区划"并未正式发布，许多学者仍在就土壤环境功能区划定义、指标体系、不同尺度分区方案进行探索性研究。

1.2 以污染治理分区为主的阶段（"九五"时期）

1.2.1 重点流域治理区

随着国内经济社会的迅速发展，流域水环境、水生态破坏严重。为有效控制流域水污染问题，进行流域水污染综合防治，1994 年 5 月，我国从淮河流域治理入手，开始了流域的治理工作。1995 年 8 月，国务院颁发了全国第一部流域污染综合防治行政法规《淮河流域水污染防治暂行条例》，进一步明确了治淮的目标。

进入"九五"时期以来，以淮河为先导，海河、辽河、太湖、巢湖、滇池等流域的水污染防治相继开始，全国大规模的防治工作在"三河三湖"等重点流域全面展开。通过开展工业源的治理以及城市水污染的综合治理，部分水域基本实现了"九五"时期确定的阶段性污染防治的目标。

1.2.2 大气"两控区"

"两控区"指的是酸雨控制区和二氧化硫污染控制区，根据气象、地形、土壤等自然条件，可以将已经产生、可能产生酸雨的地区或

者二氧化硫污染严重的地区，划定为酸雨控制区或者二氧化硫污染控制区。为做好酸雨和二氧化硫污染防治工作、落实有关的污染防治政策和措施、切实改善酸雨控制区和二氧化硫污染控制区的环境质量，原国家环境保护总局编制的《酸雨控制区和二氧化硫污染控制区划分方案》于1998年1月由国务院批复。"两控区"涉及27个省、自治区、直辖市的175个地市，占国土面积的11.4%，其中，酸雨控制区80万 km^2，占国土面积的8.4%；二氧化硫污染控制区为29万 km^2，占国土面积的3%。

1.3 突出生态优先的阶段（"十五"时期）

1.3.1 生态示范区建设的空间布局

1999 年，在全国生态示范区建设试点工作的基础上，国家环境保护总局开展生态省、市、县建设，海南省、扬州市、绍兴市等省市率先开展相关工作。《生态示范区、生态县、生态市、生态省建设规划编制导则（试行）》要求在规划编制中进行生态经济功能分区，生态经济功能分区是确定规划区域建设总体布局的依据。根据自然地理条件、社会经济条件的不同，结合土地利用与行政区划现状，考虑未

6

来发展需要，将规划区分为若干个功能区。

1.3.2 生态功能区划

2000 年，国务院颁布了《全国生态环境保护纲要》，要求开展全国生态功能区划，为经济、社会和环境保护持续健康发展提供科学支持。从 2001 年开始，国家环境保护总局会同有关部门组织开展了全国生态环境现状调查。在此基础上，由中国科学院生态环境研究中心以甘肃省为试点开展了省级生态功能区划研究工作，并编制了《生态功能区划暂行规程》。2002 年 8 月，国家环境保护总局会同国务院西部开发办联合下发了《关于开展生态功能区划工作的通知》，启动了西部 12 省、自治区、直辖市和新疆生产建设兵团的生态功能区划。2003 年 8 月开始了中东部地区生态功能区划。2004 年全国 31 个省、直辖市、自治区和新疆生产建设兵团完成了生态功能区划编制工作。

2004—2005 年，在各省生态功能区划的基础上，国家环境保护总局会同中国科学院编制了"全国生态功能区划（初稿）"。2008 年，环境保护部和中国科学院制定印发了《全国生态功能区划》。该区划为建设项目环境影响评价等生态环境管理工作提供了空间管控的依据，为《全国主体功能区规划》确定全国重点生态功能区的范围提供了有效的借鉴和参考。

2015 年，环境保护部会同中国科学院发布了《全国生态功能区划（修编版）》，通过修编，明确了按照生态调节、产品提供与人居保障等 3 大类生态系统服务功能，将国土空间划分成水源涵养、生物多样性保护、土壤保持、防风固沙、洪水调蓄、农产品提供、林产品提供、大都市群和重点城镇群等 9 种生态功能类型的生态功能分区方法（表 1-1），将全国重要生态功能区由原来的 50 个扩大到 63 个，并进一步明确了各重要生态功能区的具体范围和生态保护要求。

表 1-1　全国生态功能区划体系

生态功能大类（3 类）	生态功能类型（9 类）	生态功能区举例（242 个）
生态调节	水源涵养	米仓山—大巴山水源涵养功能区
	生物多样性保护	小兴安岭生物多样性保护功能区
	土壤保持	陕北黄土丘陵沟壑土壤保持功能区
	防风固沙	科尔沁沙地防风固沙功能区
	洪水调蓄	皖江湿地洪水调蓄功能区
产品提供	农产品提供	三江平原农产品提供功能区
	林产品提供	小兴安岭山地林产品提供功能区
人居保障	大都市群	长三角大都市群功能区
	重点城镇群	武汉城镇群功能区

1.4 宏观综合决策与要素精细化管理并重阶段("十一五""十二五"时期)

1.4.1 宏观决策

1.4.1.1 综合环境功能区划

2009 年,为贯彻落实国务院《关于印发环境保护部主要职责内设机构和人员编制规定的通知》(国办发〔2008〕73 号)中关于"组织编制环境功能区划"的任务部署,以及《全国主体功能区规划》关于环境保护部门"负责组织编制环境功能区划"的明确要求,原环境保护部规划财务司委托环境规划院启动了"国家环境功能区划编制与试点研究"项目。

通过框架思路设计、专项课题研究、地方编制试点、部门衔接协调等方式,技术团队开展了大量基础性、研究性工作,基本形成了基于环境功能分区的环境空间规划管控体系,并在征求国务院各部门意见的基础上,编制完成了"全国环境功能区划纲要",将国土面积的 53.2%划为自然生态保留区和生态功能保育区,构建了我国生态安

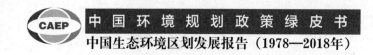
全格局，为国民经济的健康持续发展提供了生态保障；将国土面积的
46.8%划为食物环境安全保障区、聚居环境维护区和资源开发环境引
导区，主要从事农业生产、城镇化和工业化开发以及资源开发利用，
是人口主要分布区，是国民经济和社会发展活动的主要集中地区，重
点维护人群健康。

技术团队研究制定了《环境功能区划编制技术指南（试行）》，
并在浙江等 13 个省（区）开展环境功能区划编制试点工作。2016 年
7 月，浙江省人民政府正式批复《浙江省环境功能区划》，明确该区
划是各地生态环境空间管制方面的基础性、约束性和强制性规划，是
各类空间管制规划落实生态环境保护要求的重要依据。

1.4.1.2　战略环境影响评价重点区

为加快推进经济发展方式转变，从战略层面促进国土空间开发与
环境保护相协调，2009 年年初，环境保护部组织开展了环渤海沿海地
区、海峡西岸经济区、北部湾沿海经济区、成渝经济区和黄河中上游
能源化工区等五大区域战略环评。五大区域战略环评针对不同区域实
际情况，围绕布局、结构和规模三大核心为题，提出坚持"优化升级、
控制总量、引导集聚、严格准入"四项调控原则和实施差别化的优化

调控政策，拓展了环境保护参与区域发展重大决策的广度和深度。

2012年1月，环境保护部启动西部大开发重点区域和行业发展战略环境评价，项目着眼于正确处理经济社会发展空间布局与生态安全格局、结构规模与资源环境承载能力这两大矛盾，对大尺度区域性战略环境评价进行了全面拓展和深化，在理论和技术方法研究上实现了重要突破和创新，为从源头防范布局性环境风险构建了重要平台，探索了破解区域资源环境约束的有效途径。

2013年8月，环境保护部启动中部地区发展战略环境评价，项目成果具有创新性、前瞻性和可操作性，提出的粮食安全、流域安全、人居环境安全等"三大安全"战略性保护总体方案切实可行，可以作为国家有关部门和中部地区制定相关发展政策、区域发展规划、重点产业发展规划，以及做好重大建设项目环境准入等的重要科学依据。该项工作将对我国"十三五"时期的环保事业发挥重要的推动作用。

2015年10月，京津冀、长三角、珠三角三大地区战略环境影响评价项目启动，要求用空间红线来约束无序开发，守住生态底线；用总量红线来调控开发的规模和强度，根据环境质量来分配控制重点行业污染物排放总量，使重点产业发展规模控制在资源环境可承载范围之内；用准入红线推动经济转型，强化产业准入、源头控制，明确行

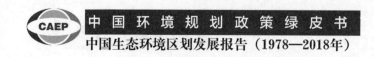

业差别化准入管理要求。三大地区战略环评是国家层面组织完成的第四轮大区域战略环评工作，紧密经济社会发展需求，推进了大区域战略环评的深化和创新；紧密结合区域特点，为破解三大地区重大资源环境矛盾提出了各自的解决路径；紧密结合环评改革，为战略规划环评落地做出了积极的探索。

1.4.2　要素精细化管理

1.4.2.1　水环境控制单元

水环境控制单元是体现自然汇水特征与行政管理需求、以控制断面为节点，将行政区、水体、控制断面三要素集于一体的空间管理单元，其划分的目的是为实现水环境精细化管理提供技术支撑。"十二五"期间，重点流域全面建立了流域—水生态控制区—水环境控制单元三级水生态环境分区管理体系，划分了 37 个控制区、315个控制单元，其中筛选了 118 个优先单元。目前，全国共划分 1 784个控制单元，其中确定了 343 个水质需改善的控制单元。

1.4.2.2 土壤环境保护优先区域

《国务院办公厅关于印发近期土壤环境保护和综合治理工作安排的通知》（国办发〔2013〕7号）中提出要确定土壤环境保护优先区域，将耕地和集中式饮用水水源地作为土壤环境保护的优先区域，2014年年底前，各省级人民政府要明确本行政区域内优先区域的范围和面积，并在土壤环境质量评估和污染源排查的基础上，划分土壤环境质量等级，建立相关数据库。

1.4.2.3 大气联防联控区与网格化管理

2010年5月，国务院办公厅发布的《关于推进大气污染联防联控工作 改善区域空气质量的指导意见》指出要解决区域大气污染问题，必须尽早采取区域联防联控措施，要求到2015年，建立大气污染联防联控机制，形成区域大气环境管理的法规、标准和政策体系，主要大气污染物排放总量显著下降，重点企业全面达标排放，重点区域内所有城市空气质量达到或好于国家二级标准，酸雨、灰霾和光化学烟雾污染明显减少，区域空气质量大幅改善。

2013年9月，国务院印发的《大气污染防治行动计划》要求提

高环境监管能力，建设城市站、背景站、区域站统一布局的国家空气质量监测网络。大气环境网格化监测是为达到区域大气污染防治精细化管理的目的、根据不同污染源类型及监控需求，将目标区域分为不同的网格进行点位布设，对各点位相关污染物浓度进行实时监测。详细来说，网格化监测系统形成监测空气的"天网"，将采集数据和监测站点数据进行叠加、对比分析和校准，二者结合生产时空动态趋势图，从而获取全区高密度、高频度的大气颗粒物浓度监测数据，运用基于 GIS 的后台数据分析系统，进行监测数据的筛查、校准、统计分析和动态图绘制，实现全区大气颗粒物浓度的时空动态变化趋势分析，进而判断污染来源，追溯污染物扩散趋势，对污染源起到最大限度的监管作用，为环境执法和政策制定提供直接依据。

1.5　面向生态文明建设的生态环境分区管治阶段（"十三五"时期）

1.5.1　生态环境功能区划

2018 年 9 月，发布的《生态环境部职能配置、内设机构和人员编制规定》明确了生态环境部的职能转变，要求"构建政府为主导、企业为主体、社会组织和公众共同参与的生态环境治理体系",《生态环境部"三定"规定细化方案》进一步提出生态环境区划的职责。生态环境功能区划是从生态环境角度建立分区管治体系,对加强生态环境保护、完善生态环境治理体系具有重要意义。

生态环境功能区划将从实现生态环境分级分类管理角度出发,构建国家—省—市—县等分级生态环境功能区划体系,衔接专项环境功能区划与国土空间规划评价,建立生态环境功能评价指标和方法,明确生态环境功能评价单元并开展综合评估,分级识别生态环境功能重点区域,设定分区生态环境管治要求,提出生态环境功能分区管治技术要点。生态环境功能区划从生态环境方面为国土空间规划分区提供引导并落实分区生态环境管治要求,并结合既有工作基础选取典型省、市、县等不同级别开展生态环境功能区划试点实践。

1.5.2 国土空间区域评价与"三线一单"

为推进规划环评与战略环评落地,环境影响评价领域积极探索空间管治,《关于印发〈"十三五"环境影响评价改革实施方案〉的通知》(环环评〔2016〕95 号),明确提出了"以生态保护红线、环境质量底线、资源利用上线和环境准入负面清单(以下简称'三线一单')

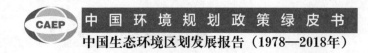

为手段，强化空间、总量、准入环境管理"等总体思路，提出将生态保护红线作为空间管制要求，将环境质量底线和资源利用上线作为容量管控和环境准入要求，健全战略环评成果应用落实机制。强化"三线一单"在优布局、控规模、调结构、促转型中的作用，以及对项目环境准入的强制约束作用。

生态环境部依托长江经济带战略环评工作，以长江经济带及上游12省（市）为重点，大力推进"三线一单"编制工作。2017年以来，长江经济带11省（市）及青海省"三线一单"编制工作组织有力、突出问题导向、基础扎实、依据充分、流程规范、注重创新，取得了丰富的成果。"三线一单"的编制成果服务于地方高质量发展，要在以下方面继续加强和深化。首先，强化科学性。数据要真实准确，概念要清楚，分析要合理，逻辑要清晰，成果要客观。其次，目标明确，突出重点。各省要根据各自省情，针对不同的重点环境问题，因地制宜落实管控要求。最后，要处理好发展与保护的关系。本着实事求是的原则，既要把该保护的保护好，又要给地方留下发展空间。

2

理 论 基 础

2.1 地域分异规律

自然地理环境各要素及其所组成的自然综合体，在地表按一定层次发生分化并按确定的方向发生有规律的分布，以致形成多级自然区域的现象称为地理环境地域分异，制约或者支配这种分异现象的客观规律，则称为地域分布规律。所谓地域分异规律，指地球表层自然地理环境各要素及其所组成的自然综合体在空间分布上的变化规律，也叫作空间地理规律。

地带性因素（太阳辐射能）和非地带性因素（地球内能）是形成地域分异的两大因素。地球表面受地域分异规律作用，使其各部分自然地理特征发生明显的地域差异，以致任何地方的自然条件都不可能与另一地方完全相同。而自然条件在空间地理分布上具有逐渐过渡的性质，会出现某些自然条件差异较小、相似性显著的区域。

地域分异在地理科学中能够指导自然区划工作。自然区划在地域分异规律的基础之上，按照区域内部差异，把自然特征不相似的部分划分为不同的自然区，并确定其界线，进而对各自然区的特征及其发生、发展和分布规律进行研究，按其区域的从属关系，建立一定的等级系统。同时自然区划的划分，需要全面地掌握和认识地域分异规律，既要掌握自然地理的分异规律，又要了解区域分异规律的历史，从中发现地域分异规律自然条件差异小而相似性显著的地方，进行自然区划的划分。

2.2 区域区划与类型区划理论

区域区划和类型区划是区划系统划分的另一种体系，也是比较难以理解的一种划分。郑度院士依据区划所采用的方法不同，将自然地理区划分为区域区划和类型区划。

区域区划和类型区划的结果都体现为地理空间单元系统，地理空间信息单元理论则可以将类型单元和区划单元联系起来。其中类型区划侧重于对每种类型进行定性描述和指标确定（阈值），形成不同的种类；而区域区划则是根据一定目的和要求，将相似性的地理信息单元合并，将差异性较大的信息单元分开，从而将整个区域划分成不同子区。严格地说，自然界没有不具区域属性的类型，如自然带、自然地区、自然地带的划分虽然都具有类型意义，但又有鲜明的区域特色，在实际中可以根据不同的目的有所侧重。

2.3 现代地域功能理论

现代地域功能理论产生于近年来中国国土空间开发实践。一方面，由于存在着重"发展计划"、轻"布局规划"的偏差，进入 21 世纪以来我国国土空间开发保护和区域可持续发展的问题日益凸显。构建国土空间开发保护规划蓝图的基础性、战略性和长远性的问题摆在了学术界和政府的面前。另一方面，解析国土空间格局变化的驱动力和变化过程、提出国土空间格局的变化趋势并勾画规划蓝图、认识调控国土空间格局演变的基本政策工具和配套条件，是解决中国未来国土空间格局规划问题的基础性工作。在国土空间开发实践的基础上，中国地理学者经过深入的学术思考，正式提出了现代地域功能理论。综合目前对地域功能概念内涵和研究框架的理解，现代地域功能理论可以定义为，以陆地表层空间秩序为研究对象，重点研究地域功能的生成机理，以及功能空间的结构变化、相互作用、科学识别方法和有效管理手段的地理学理论。

现代地域功能理论的形成和发展过程可以分为三个阶段。

第一个阶段（2003—2006年），是现代地域功能理论的初步形成阶段。中国人文地理学者围绕国土开发保护的重大战略需求，在传承地域分异理论、人地关系理论和空间结构理论的基础上，集成经济、社会、生态多学科的研究成果，突出"因地制宜"和"有序空间"的核心思想，创造性地提出了按照功能区构建中国国土开发和区域发展格局的建议。在中国地理学者的推动下，国家"十一五"规划明确提出要加快主体功能区建设，"根据资源环境承载能力、现有开发密度和发展潜力，统筹考虑未来我国人口分布、经济布局、国土利用和城镇化格局，将国土空间划分为优化开发、重点开发、限制开发和禁止开发四类主体功能区。"

第二个阶段（2007—2012年），是现代地域功能理论的正式形成阶段。主体功能区建设的国家重大战略需求有力推动了地域功能理论的形成和发展，在这个发展阶段中国地理学者提出了地域功能、区域发展空间均衡模型等核心概念。这些概念的提出标志着现代地域功能理论的正式形成。在基础理论研究的同时，地域功能识别与区划的方法论也得到了快速发展，有力地支撑了主体功能区建设的实践。经过近 10 年的理论方法探索和应用实践工作，中国地理学者配合国家和地方政府研制完成了主体功能区一系列成果，2010 年《全国主体功能区规划》由国务院颁布实施。

第三个阶段（2013 年之后），是现代地域功能理论学术框架逐步完善的阶段。地理学者开始对现代地域功能理论学术体系进行构思，并提出了以地域功能生成机理、空间结构、区域均衡等理论研究和以地域功能识别、现代区域治理体系构建等应用研究为主体的研究框架，实现了从核心概念构建到系统学术思想探索的转变。与此同时，2016 年国家"十三五"规划进一步将主体功能区建设提高到国土空间开发保护基础制度的高度，并指出："强化主体功能区作为国土空间开发保护基础制度的作用，加快完善主体功能区政策体系，推动各地区依据主体功能定位发展。"主体功能区建设也已成为党中央、国务院优化国土空间开发格局、推进可持续发展战略的重大部署。

2.4 生态环境功能理论

生态环境功能是指环境各要素及其构成的系统为人类生存、生

活和生产所提供的生态环境服务的总称,包括保障自然生态安全和维护人居环境健康两个方面,一方面保障自然系统的安全和生态调节功能的稳定发挥,构建人类社会经济活动的生态环境支撑体系,即保障自然生态安全;另一方面保障与人体直接接触的各生态环境要素的健康,即维护人居环境健康。环境功能区是按照国家主体功能定位,依据不同地区在环境结构、环境状态和环境服务功能的分异规律,分析确定不同区域的主体环境功能,并据此确定保护和修复的主导方向、执行相应环境管理要求的特定空间单元。

2.5 自然资源产权与生态环境产权理论

产权学派经济学家从经济学范式出发对产权做了广泛而深入的研究,他们认为"产权是一种通过社会强制而实现的对某种经济物品的多种用途进行选择的权利"。产权本质上是由于稀缺物品的存在而引起人与人之间相互认可的行为关系和社会经济关系。随着人们对生态环境问题认识不断深化,产权理论逐步引入并直接作用于生态环境管理领域。自然生态环境由于其稀缺性决定了其具有一定的环境资产价值。生态环境产权是指经济主体对某一生态环境容量资源（或资产）所拥有的所有权、使用权以及收益权等各种权利集合。生态环境服务及其所依附的资源具有独特的经济特性，是生态环境产权的客体。人们通过对自然生态系统提供的生态环境服务的分配而形成相应的权利关系。

现代产权理论认为，产权界定清晰与否是决定资源配置有效性的根本条件。在产权得到明确界定的前提下，负外部性制造者和受损者进行协商将会使资源配置更有效率。生态环境是典型的"公共物品"，其具有显著的外部性。生态环境建设和保护者难以获得其提供生态环境服务的全部社会收益，生态环境的破坏者也常常未能承担生态环境破坏的全部成本。对生态环境产权进行明确界定、建立适当的环境产权制度、避免生态环境保护和利用中的外部性问题，将有助于实现生态环境资源的合理配置。

3

主要技术进展

3.1 生态环境要素区划技术

3.1.1 水环境区划技术

3.1.1.1 水功能区划

为指导全国水功能区划工作，2000 年水利部发布了《水功能区划技术大纲》（水资源〔2000〕58 号）。在此基础上，结合水功能区划应用与实施情况，2010 年 11 月，《水功能区划分标准》（GB/T 50594—2010）发布，以标准形式规范了水功能区划分技术要求。

该标准中明确水功能区应划分为两级。一级水功能区应包括保护区、保留区、开发利用区、缓冲区；开发利用区进一步划分的饮用水水源区、工业用水区、农业用水区、渔业用水区、景观娱乐用水区、过渡区、排污控制区应为二级水功能区。一级水功能区和二级水功能区的划区条件和指标见表 3-1、表 3-2。

表 3-1　一级水功能区划区条件和指标

一级水功能区	划区条件	划区指标	水质标准
保护区	具备以下条件之一： ① 国家级和省级自然保护区范围内的水域或具有典型生态保护意义的自然生境内的水域； ② 已建和拟建（规划水平年内建设）跨流域、跨区域的调水工程水源（包括线路）和国家重要水源地水域； ③ 重要河流的源头河段应划定一定范围水域以涵养和保护水源	集水面积、水量、调水量、保护级别等	符合现行国家标准《地表水环境质量标准》（GB 3838）中Ⅰ类或Ⅱ类水质标准；当由于自然、地质原因不满足Ⅰ类或Ⅱ类水质标准时，应维持现状水质

25

一级水功能区	划区条件	划区指标	水质标准
保留区	① 受人类活动影响较少、水资源开发利用成度较低的水域； ② 目前不具备开发条件的水域； ③ 考虑可持续发展需要，为未来的发展保留的水域	相应的产值、人口数量、用水量、水域水质等	不低于现行国家标准《地表水环境质量标准》（GB 3838）规定的III类水质标准或应按现状水质类别控制
开发利用区	取水口集中、取水量达到区划指标值的水域	相应的产值、人口数量、用水量、排污量、水域水质等	由二级水功能区划相应类别的水质标准确定
缓冲区	具备以下条件之一： ① 跨省（自治区、直辖市）行政区域边界的水域； ② 用水矛盾突出的地区之间的水域	省界断面水域、用水矛盾突出水域的范围、水质、水量等	根据实际需要执行相关水质标准或按现状水质控制

表 3-2　二级水功能区划区条件和指标

二级水功能区	划区条件	划区指标	水质标准
饮用水水源区	①现有城镇综合生活用水取水口分布较集中的水域，或在规划水平年内为城镇发展设置的综合生活供水水域； ②每个用水户取水量不小于取水许可管理规定的取水限额	相应的人口数量、取水总量、取水口分布等	符合现行国家标准《地表水环境质量标准》（GB 3838）规定的II类或III类水质标准

二级水功能区	划区条件	划区指标	水质标准
工业用水区	①现有的工业用水取水口分布较集中的水域，或在规划水平年内需设置的工业用水供水水域；②每个用水户取水量不小于取水许可管理规定的取水限额	工业产值、取水总量、取水口分布等	符合现行国家标准《地表水环境质量标准》（GB 3838）中Ⅳ类水质标准
农业用水区	①现有的农业灌溉用水取水口分布较集中的水域，或在规划水平年内需设置的农业灌溉用水供水水域；②每个用水户取水量不小于取水许可管理规定的取水限额	灌区面积、取水总量、取水口分布等	符合现行国家标准《农田灌溉水质标准》（GB 5084）的规定，也可按现行国家标准《地表水环境质量标准》（GB 3838）中Ⅴ类水质标准确定
渔业用水区	①天然的或天然水域中人工营造的雨、虾、蟹等水生生物养殖用水水域；②天然的鱼、虾、蟹、贝等水生生物的重要产卵场、索饵场、越冬场及主要洄游通道涉及的水域	渔业生产条件、产量、产值等	符合现行国家标准《渔业水质标准》（GB 11607）的有关规定，也可按现行国家标准《地表水环境质量标准》（GB 3838）中Ⅱ类或Ⅲ类水质标准确定
景观娱乐用水区	①休闲、娱乐、度假所涉及的水域和水上运动场需要的水域；②风景名胜区所涉及的水域	景观娱乐功能需求、水域规模等	符合现行国家标准《地表水环境质量标准》（GB 3838）中Ⅲ类或Ⅳ类水质标准
过渡区	①下游水质要求高于上游水质要求的相邻功能区之间；②有双向水流，且水质要求不同的相邻功能区之间	水质与水量	按其出流断面水质达到相邻功能区的水质目标要求选择相应的控制标准

二级水功能区	划区条件	划区指标	水质标准
排污控制区	①接纳废污水中污染物可稀释降解的；②水域稀释自净能力较强，其水文、生态特性适宜于作为排污区	污染物类型、排污量、排污口分布等	按其出流断面的水质状况达到相邻水功能区的水质控制标准确定

（1）一级水功能区划分

一级水功能区划分应按省级行政区收集流域内有关资料，所收集的资料应按其所属水资源分区单元分别归类，并以县级以上（含县级）行政区为单元分别统计。一级水功能区划分应收集的主要资料包括：基础资料、划分保护区所需的资料、划分缓冲区所需的资料以及划分开发利用区和保留区所需的资料，在开展资料分析与评价的基础上，进行功能区划分。划分一级水功能区时，应首先划定保护区，其次划定缓冲区和开发利用区，其余的水域可划为保留区。各功能区划分的具体方法应符合下列规定：

1）国家和省级自然保护区所涉及的水域应划为保护区。源头水保护区可划在重要河流上游的第一个城镇或第一个水文站以上未受人类开发利用的河段，也可根据流域综合规划中划分的源头河段或习惯规定的源头河段划定。国家重要水源地水域和跨流域、跨省（自治区、直辖市）及省内大型调水工程水源地水域应划为保护区。

2）跨省（自治区、直辖市）水域应划为缓冲区，省（自治区、直辖市）间的边界水域宜划为缓冲区。缓冲区范围可根据水体的自净能力，通过模型计算分析确定。省（自治区、直辖市）之间水质要求差异大时，划分缓冲区范围应较大；省（自治区、直辖市）之间水质要求差异小，缓冲区范围可较小，上下游缓冲区长度的比例可按省界上游占 2/3、省界下游占 1/3 划定；在潮汐河段，缓冲区长度的比例可按上下游各占一半划定。省际边界水域、用水矛盾突出地区缓冲区范围的划定，可由流域管理机构与有关省（自治区、直辖市）根据实际情况共同划定。

3）根据指标分析结果、以现状为基础、考虑发展的需要，将任一单项指标在限额以上的城市涉及的水域中用水较为集中、用水量较大的区域应划定为开发利用区。根据需要其主要退水区也应定为开发利用区。区界的划分宜与行政区界或监测断面一致。对于远离城区、水质受开发利用影响较小、仅具有农业用水功能的水域，可不划为开发利用区，宜划分为保留区。

4）除保护区、缓冲区、开发利用区以外，其他开发利用程度

不高的水域均可划为保留区。地县级自然保护区涉及的水域宜划为保留区。

（2）二级水功能区划分

二级水功能区划分应在一级水功能区划分确定的开发利用区范围内收集有关资料。二级水功能区划分应收集的主要资料包括基本资料、划分饮用水水源区所需的资料、划分工业用水区所需的资料、划分农业用水区所需的资料、划分渔业用水区所需的资料、划分景观娱乐用水区所需的资料、划分排污控制区所需的资料、划分过渡区所需的资料。资料分析与评价应包括水质评价、取排水口资料分析与评价、渔业用水资料分析和景观娱乐用水区资料分析。划分二级水功能区，应符合下列规定：

1）饮用水水源区的划分应根据已建生活取水口的布局状况，结合规划水平年内生活用水发展需求，选择开发利用区上游或受其他开发利用影响较小的水域。在划分饮用水水源区时，应将取水口附近的水源保护区涉的水域一并划入。对零星分布的小型生活取水口，可不单独划分为饮用水水源区，但对重要的大型生活用水取水口则应单独划区。

2）工业、农业用水区的划分应根据工业、农业取水口的分布现状，结合规划水平年内工业、农业用水发展需要，将工业取水口、农业取水口较为集中的水域划分为工业用水区或农业用水区。

3）排污控制区的划分宜为排污口较为集中，且位于开发利用区下段或对其他用水影响不大的水域。排污控制区的设置应从严控制，分区范围不宜过大。

4）渔业用水区和景观娱乐用水区的划分应根据现状实际涉及的水域范围，结合发展规划要求划分相应的用水区。

5）过渡区的划分应根据两个相邻功能区的水质目标的差别确定。水质要求低的功能区对水质要求高的功能区影响较大时，以能恢复到高要求功能区水质标准来确定过渡区的长度。过渡区范围应根据实际情况确定，必要时可通过模型计算确定。为减小开发利用区对下游水质的影响，根据需要可在开发利用区的末端设置过渡区。

6）对于水质难以达到全断面均匀混合的大江大河，当两岸对用水要求不同时，应以河流中心线为界，根据需要在两岸分别划定相应功能区。

3.1.1.2　水环境功能区划

为开展全国地表水环境功能区划工作，2001 年，国家环境保护总局发布"中国地表水水环境功能区划分技术导则"。水环境功能区是指依照《中华人民共和国水污染防治法》和《地表水环境质量标准》，综合水域环境容量、社会经济发展需要，以及污染物排放总量控制的要求而划定的水域分类管理功能区，包括自然保护区、饮用水水源保护区、渔业用水区、工农业用水区、景观娱乐用水区、混合区以及过渡区等。2002年国家环境保护总局对全国31个省（自治区、直辖市）的水环境功能区划分结果进行汇总，全国水环境共划分了12 876个功能区（不含港澳台），其中，河流功能区12 482个、湖泊功能区394个，基本覆盖了全国环境保护管理涉及的水域。

3.1.1.3 水环境控制单元划分

控制单元划分包括水系概化、控制断面选取、排污去向确定、控制单元命名与编码等基本步骤。

水系概化。水系概化是指统筹考虑流域自然特征与实际需求，将天然水系（河流、湖库）概化成可应用水系，例如，天然河道可概化成顺直河道，复杂的河道地形可进行简化处理等。水系概化的范围包括：干流、主要的一级支流和二级支流，以及镇级主要污染源所在地的支流。

控制断面选取。控制断面是为控制、反映上游污染而在下游设置的水质监测断面。控制断面通常从已有水质监测断面中选取（包括国控、省控、市控断面），一般为能真实、全面地反映水体水质、污染物浓度空间分布和变化规律的监测断面。

排污去向确定。控制单元划分兼顾自然水系特征与行政管理需求，在尊重汇水规律前提下以区县界作为单元边界，即控制单元为赋有水系信息的多个区县的有机组合。因此，区县排污确定是控制单元划分的重点。对于所辖水系简单、主导排污去向明确且单一的区县，可根据汇水规律判定；对于所辖两条及两条以上河流的区县，由于其排污去向不唯一，必须统筹考虑汇水特征、城镇布局、工业布局以及农业布局等因素，最终确定区县 1 个排污去向，该过程可采用层次分析法（AHP）实现。

控制单元命名与编码。控制单元由水、陆两部分组成，因此命名时也采用主要河流或河段＋地市的形式，即××河××市控制单元。若控制单元涉及多个地市，可采用"××河流××市××市控制单元"的命名形式；对于湖体控制单元，可以不将陆域纳入命名体系。

3.1.1.4 水生态功能区划

水生态功能区划是基于对流域水生态系统区域差异的研究，流域内不同类型区域生物区系、群落结构和水体理化环境的异同的比较，以及流域水生态系统的空间格局和尺度效应的分析而提出的一种分区方法。目前，有研究团队完成了《河流型流域水生态功能分区技术规范》《湖泊型流域水生态功能分区技术规范》等建议稿。

水生态功能区划建立了三级分区体系：一级区：识别十大流域的流域范围，即为十个一级区；二级区：根据气候、地质、地形地貌、植被、土壤和水生生物地理分布格局等指标进行划分，如果跨省则按照省界进行分割；三级区：根据土地利用比例、累积性汇水区面积、水生生境类型等指标，进行污染控制单元边界识别，在保证乡镇行政边界和子流域边界完整性的同时划分三级区（表3-3）。

建立在指标体系之上的水生态功能分区方法主要是基于地理信息系统（GIS）技术进行不同指标的专题图制作，最后进行各种专题图的叠加，结合专家经验判断来确定水生态功能分区的边界，最终成果是流域水生态功能分区图。

表 3-3　流域水生态功能分区表

级别	尺度	生态学意义	指标类型	管理意义
一级区	流域	流域边界对水生态系统演变和交流的阻隔作用	十大流域边界	国家管理部门制定流域战略规划和决策
二级区	水生态控制区	气候、地形地貌等水生态环境的影响	气候、地质、地形地貌、植被、土壤和水生生物地理分布格局	国家和省级管理部门制定区域战略规划和决策
三级区	水环境控制单元	土地利用、流域规模以及水文情势影响下的水生态环境功能变化	土地利用比例、流域面积、水系结构、行政区边界、生境和主导水生态环境功能	省级和市级管理部门制定区域规划和决策

3.1.2　大气环境区划技术

3.1.2.1　"两控区"划分

"两控区"的划分考虑酸雨和二氧化硫污染特征的差异，分别确定酸雨控制区和二氧化硫污染控制区的划分基本条件。

根据我国社会发展水平和经济承受能力，酸雨控制区的划分基

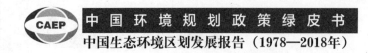

本条件确定为：①现状监测降水 pH≤4.5；②硫沉降超过临界负荷；③二氧化硫排放量较大的区域。国家级贫困县暂不划入酸雨控制区。

二氧化硫污染控制区的划分基本条件确定为：①近年来环境空气二氧化硫年平均浓度超过国家二级标准；②日平均浓度超过国家三级标准；③二氧化硫排放量较大；④以城市为基本控制单元。国家级贫困县暂不划入二氧化硫污染控制区。酸雨和二氧化硫污染都严重的南方城市不划入二氧化硫控制区、划入酸雨控制区。

3.1.2.2　环境空气质量功能区划分

根据《环境空气质量功能区划分原则与技术方法》（HJ 14—1996），环境空气质量功能区的划分应在区域或城市环境功能区（或城市性质)的基础上,根据环境空气质量功能区划分的原则以及地理、气象、政治、经济和大气污染源现状分布等因素的综合分析结果,按环境空气质量标准的要求将区域或城市环境空气划分为不同的功能区域，其划分方法如下。

1）分析区域或城市发展规划，确定环境空气质量功能区划分的范围并准备工作底图。

2）根据调查和监测数据，以及环境空气质量功能区类别的定义、划分原则等进行综合分析，确定每一单元的功能类别。

3）把区域类型相同的单元连成片，并绘制在底图上；同时将环境空气质量标准中例行监测的污染物和特殊污染物的日平均值等值线绘制在底图上。

4）根据环境空气质量管理和城市总体规划的要求，依据被保护对象对环境空气质量的要求，兼顾自然条件和社会经济发展，将已建成区与规划中的开发区等所划区域最终边界的区域功能类型进行反复审核，最后确定该区域的环境空气质量功能区划分的方案。

5）对有明显人为氟化物排放源的区域，其功能区应严格按《环境空气质量标准》中的有关条款进行划分。

3.1.3 土壤环境功能区划

我国土壤环境功能区划的研究起步较晚，截至目前还没有一套相关的理论对土壤环境功能区划进行指导。目前"土壤环境功能区划"还未正式发布，许多学者仍在土壤环境功能区划定义、指标体系、不同尺度分区方案等方面进行探索性研究。

土壤环境功能区划体系的确定是土壤环境功能区划的关键，有专家、学者基于土壤功能定位，立足土壤环境管理，提出了一个三级区划的体系。一级区划按照土壤功能的三大类型，划分出三个不同的土壤环境功能区，从宏观上确定不同区域土壤功能的社会需求，以促进土地资源的合理开发与保护；二级区划是在土壤环境功能区的基础上，按照土壤功能亚类，细划为土壤环境功能亚区，对不同区域的土壤功能进行具体化，以满足不同的自然生态保护和社会经济发展的需要，并为后续的土壤环境管理分区的划分打下基础；三级区划是土壤环境功能管理区的划分，它是在对土壤环境功能亚区的土壤环境质量进行评价、污染源的影响区分析和土壤环境问题分析的基础上，区分不同土壤功能亚区的环境要素水平，以此来划分不同的土壤环境功能管理区，并对不同的土壤环境管理区提出不同的土壤环境管理对策，使土壤环境管理目标更明确，针对性和可操作性更强，以达到保护不同土壤功能的目的。

（1）土壤环境功能区的划分

土壤环境功能区的划分主要依据土地利用类型与土壤功能的关系和相关规划，将具有相似土壤功能的主要用地类型或者规划区域划分到相同的土壤环境功能区内。这样体现了土壤环境功能区划是以土壤功能类型为基础的特点，同时与相关规划相衔接，具有可操作性，首先，生态保护用地（饮用水水源地保护区、自然保护区和其他重要生态功能保护区）直接划为生态功能区；其次，城镇建设用地、工业用地和特殊用地划为承载功能区；最后，耕地、园地、牧草地等直接或间接为人类提供食用农产品，以及林地、园地、牧草地中为人类提供非食用性农产品的区域划为生产功能区。

（2）土壤环境功能亚区的划分

土壤环境功能亚区的划分是在土壤环境功能区的基础上，依据土壤环境功能亚类与土地利用类型的关系，并结合相关规划，对不同土壤环境功能区进行细化。生态功能区是将水源保护区、自然保护区和其他重要生态功能区分别对应细化不同的亚区；生产功能区依据食用农产品功能对应的主要土地利用类型和非食用农产品功能对应的主要土地利用类型，分别划分出食用农产品生产功能亚区和非食用农产品生产功能亚区；承载功能区主要依据现有的和规划的用地类型进行划分。

（3）土壤环境功能管理区的划分

土壤环境功能管理区的划分是在土壤环境功能亚区的基础上，先要进行土壤环境质量评价和污染源影响区分析，再综合土壤环境质量评价结果和污染源影响区分布来进行。

1）土壤环境质量评价是根据评价区域的主要污染物来选择评价

因子，依据土地利用类型，按照《土壤环境质量标准》（GB 15618—
1995），并参考《土壤环境质量标准（修订）》（征求意见稿）进行单
因子评价，在土壤单因子污染指数评价的基础上，使用极限条件法进
行最终的综合土壤环境质量等级的划定,将各评价项目中最大值作为
该样点的综合污染指数，根据综合污染指数的大小将土壤环境质量状
况划分为 5 级。

2）土壤污染源的影响区分析。污染源周边土壤现在或将来出现
土壤污染的概率均较高,因此在土壤环境管理上要对这一特定区域加
以关注。土壤污染源的影响区分析就是将污染源周边（如城镇建设功
能区的周边、重大交通干线两侧、集中式工业区的周边、矿区的周边
等）作为土壤污染源的影响区域,结合土地利用类型、环境质量现状,
通过野外调查并进行土壤环境质量变化趋势分析。

3.1.4 生态功能区划

根据《生态功能区划暂行规程》，生态功能分区是依据区域生态
环境敏感性、生态服务功能重要性以及生态环境特征的相似性和差异
性而进行的地理空间分区。

生态功能区划分区系统分为三个等级。为了满足宏观指导与分

级管理的需要,对自然区域开展分级区划。首先从宏观上以自然气候、地理特点划分自然生态区;其次根据生态系统类型与生态系统服务功能类型划分生态亚区;最后根据生态服务功能重要性、生态环境敏感性与生态环境问题划分生态功能区。

一般采用定性分区和定量分区相结合的方法进行分区划界。边界的确定应考虑利用山脉、河流等自然特征与行政边界。

①一级区划界时,应注意区内气候特征的相似性与地貌单元的完整性。

②二级区划界时,应注意区内生态系统类型与过程的完整性,以及生态服务功能类型的一致性。

③三级区划界时,应注意生态服务功能重要性、生态环境敏感性等的一致性。

3.2　生态环境功能评价技术

3.2.1　指标体系构建

环境功能综合评价指标体系由保障自然生态安全指数、维护人群健康维护指数和区域环境支撑能力指数三大类指标构成,共包含3

类一级指标、9 项二级指标、25 项三级指标和 76 项基础指标，涵盖了生态、环境、经济社会等多层面要素（表 3-4）。

表 3-4　环境功能评价指标体系

一级指标	二级指标	三级指标	基础指标
保障自然生态安全指数	生态系统敏感性指数	沙漠化敏感性	湿润指数
			冬春季大于 6 m/s 大风的天数
			土壤质地
			植被覆盖（冬季、春季）
		土壤侵蚀敏感性	降水侵蚀力
			土壤质地
			地形起伏度
			植被类型
		石漠化敏感性	喀斯特地形
			坡度
			植被覆盖
		土壤盐渍化敏感性	蒸发量/降雨量
			地下水矿化度
			地形
	生态系统重要性指数	水源涵养重要性	城市水源地
			农灌取水区
			洪水调蓄

一级指标	二级指标	三级指标	基础指标
保障自然生态安全指数	生态系统重要性指数	水土保持重要性	1～2 级河流及大中城市主要水源水体
			3 级河流及小城市水源水体
			4～5 级河流
		防风固沙重要性	半流动沙地
			半固定沙地
			流动沙地
			固定沙地
		生物多样性保护重要性	生态系统或物种占全省物种数量比率
			优先生态系统,或物种数量比率>30%
			物种数量比率为 15%～30%
			物种数量比率为 5%～15%
			物种数量比率<5%
			国家与省级保护物种
			国家一级保护物种
			国家二级保护物种
			其他国家与省级保护物种
			无保护物种
维护人群健康指数	人口集聚度指数	人口密度	总人口
			土地面积
		人口流动强度	暂住人口
	经济发展水平指数	人均 GDP	GDP
		GDP 增长率	近 5 年的 GDP

43

一级指标	二级指标	三级指标	基础指标
区域环境支撑能力指数	环境容量指数	大气环境容量	区域总量控制系数
			大气环境质量标准
			污染物背景深度
			功能区面积
			建成区面积
		水环境容量	功能区的目标浓度
			污染物的本底浓度
			可利用地表水资源量
			污染物综合降解系数
		承载能力	污染物的环境容量
			污染物的排放量
	环境质量指数	大气环境质量	二氧化硫污染指数
			氮氧化物污染指数
			总悬浮颗粒物污染指数
		地表水环境质量	Ⅰ～Ⅲ类水质比例
			劣Ⅴ类比例
		土壤环境质量	重金属土壤污染指数
			有机物土壤污染指数
	污染物排放指数	水污染物排放指数	化学需氧量排放强度
			氨氮排放强度
		大气污染物排放指数	二氧化硫排放强度
			氮氧化物排放强度

一级指标	二级指标	三级指标	基础指标
区域环境支撑能力指数	人均可利用土地资源指数	可利用土地资源	适宜建设用地面积
			已有建设用地面积
			基本农田面积
	人均可利用水资源指数	地表水可利用量	多年平均地表水资源量
			河道生态需水量
			不可控制的洪水量
		地下水可利用量	与地表水不重复的地下水资源量
			地下水系统生态需水量
			无法利用的地下水量
		已开发利用水资源量	农业用水量
			工业用水量
			生活用水量
			生态用水量
		可开发利用入境水资源量	现状入境水资源量
			分流域片取值范围

3.2.2 环境功能综合评价方法

环境功能综合评价指标体系和环境功能综合评价指数（A）计算方法如下：

$$A = K \cdot P_2 - P_1$$

式中，P_1——保障自然生态安全指数；

P_2——维护人群环境健康指数；

K——区域环境支撑能力指数。

区域综合评价指数越高的地区环境功能越偏向于维护人群环境健康，反之则偏向于保障自然生态安全。

表 3-5　环境功能综合评价指标体系

一级指标	二级指标
（一）保障自然生态安全（P_1）	生态系统敏感性指数
	生态系统重要性指数
（二）维护人群环境健康（P_2）	人口集聚度指数
	经济发展水平指数
（三）区域环境支撑能力（K）	环境容量指数
	环境质量指数
	污染物排放指数
	人均可利用土地资源指数
	人均可利用水资源指数

3.2.2.1　保障自然生态安全指数

保障自然生态安全是指保障区域自然系统的安全和生态调节功

能的稳定发挥，可用生态系统敏感性指数和生态系统重要性指数描述。保障自然生态安全指数（P_1）计算方法如下：

$$P_1 = \max\left\{\left[\text{生态系统敏感性指数}\right],\left[\text{生态系统服务功能重要性指数}\right]\right\}$$

式中，［生态系统敏感性指数］——生态系统对区域中各种自然和人类活动干扰的敏感程度，它反映的是区域生态系统在受到干扰时，发生生态环境问题的难易程度和可能性的大小。生态系统敏感性评价内容主要包括土壤侵蚀敏感性、沙漠化敏感性、土壤盐渍化敏感性和石漠化敏感性等；

［生态系统服务功能重要性指数］——区域各类生态系统的生态服务功能及其对区域可持续发展的作用与重要性。生态系统服务功能重要性评价选择生物多样性保护重要性、水土保持重要性、水源涵养重要性、防风固沙重要性等因素进行。

3.2.2.2 维护人群环境健康指数

维护人群环境健康是指保障与人体直接接触的各环境要素的健康，可用人口集聚度指数和经济发展水平指数描述区域经济社会发展

状况以及对维护人群环境健康方面环境功能的需求程度；维护人群环境健康指数（P_2）计算方法如下：

$$P_2 = \sqrt{\frac{1}{2}\left(\left[\text{人口集聚度指数}\right]^2 + \left[\text{经济发展水平指数}\right]^2\right)}$$

式中，[人口集聚度指数]——一个地区现有人口集聚程度，人口集聚度指数通过人口密度和人口流动强度等指标进行评价；

[经济发展水平指数]——一个地区经济发展现状和增长活力，经济发展水平的评价可以通过一个地区的人均 GDP 和 GDP 的增长率等要素进行。

3.2.2.3 区域环境支撑能力指数

经济社会发展所需的区域环境支撑能力可用环境容量指数、环境质量指数、污染物排放指数、可利用土地资源指数和可利用水资源指数来描述维护人群环境健康方面环境功能的供给程度。区域环境支撑能力指数（K）计算方法如下：

$$K = f\left(\frac{\min\left\{\left[\text{可利用土地资源指数}\right],\left[\text{可利用水资源指数}\right],\left[\text{环境质量指数}\right]\right\}}{\max\left\{\left[\text{污染物排放指数}\right],\left[\text{环境容量指数}\right]\right\}}\right)$$

式中，[环境容量指数]——在人类生存和自然生态系统不受威胁的前提下，某一环境区域所能容纳的污染物最大负荷量。环境容量指数选择大气环境容量和水环境容量等因素进行评价；

[环境质量指数] ——表述环境优劣程度，指在一个具体的环境区域中，环境总体或某些要素对人群健康、生存和繁衍以及社会经济发展适宜程度的量化表达。环境质量指数通过区域的大气环境质量、地表水环境质量和土壤环境质量进行评价；

[污染物排放指数] ——一个区域排入环境或其他设施的污染物排放情况。污染物排放指数选择大气污染物排放指数和水污染物排放指数等要素进行评价；

[可利用土地资源指数] ——一个区域剩余或潜在可利用的土地资源对未来人口集聚、工业化和城镇化发展的承载力。可利用土地资源指数选择适宜建设用地的面积、已有建设用地面积、基本农田面积等要素进行评价；

[可利用水资源指数] ——一个区域剩余或潜在可利用水资源对未来社会经济发展的支撑能力。可利用水资源指数选择水资源丰度、可利用数量及利用潜力等要素进行评价。

3.2.3 环境功能类型区划分方法

3.2.3.1 主导因素法

主导因素法是自上而下划分环境功能区的技术方法，划分各类型区的主导因素见表 3-6。

表 3-6　各环境功能类型区的主导因子

环境功能区	主导因子
自然生态保留区	人口密度极低，人口流动性差
	经济总量小，经济活力低
生态功能保育区	存在沙漠化、土壤侵蚀、石漠化、土壤盐渍化等风险
	具有较高的水源涵养、水土保持、防风固沙、生物多样性保护及其他生态系统服务功能
	生态系统的完整性、稳定性
食物环境安全保障区	国家主要耕地、牧场分布，主要农产品产地
	海产品产量较高
聚居环境维护区	区域人口聚居规模较大，人口流动性强，城镇化水平高
	区域的产业聚集度高，经济总量大，经济增速快
	区域存在一定的环境问题或环境风险
资源开发环境引导区	能矿资源主要开发地区
	具有相对稀缺的特色资源

3.2.3.2 划分条件

划分各类环境功能区及其亚区是以各评价单元环境功能综合评价值为基础，考虑各类功能区识别的主导因素，具体划分条件见表3-7。

表3-7 环境功能类型区划分条件

分类	亚类	划分条件
I 类区——自然生态保留区	I-1 自然资源保留区	①依《自然保护区条例》划为国家级自然保护区； ②依《保护世界文化和自然遗产公约》纳入《世界遗产目录》的地区； ③依《风景名胜区条例》划为国家级风景名胜区范围的地区； ④依《森林公园管理办法》批准为国家森林公园的地区； ⑤依《国家地质公园规划编制技术要求》批准为国家地质公园的地区
	I-2 后备保留区	①人类活动影响较少，人口密度小； ②资源储量少且不具备开发价值
II 类区——生态功能保育区	II-1 水源涵养区	①重要河流上游和重要水源补给区； ②《全国主体功能区规划》列入重点生态功能地区
	II-2 水土保持区	①土壤侵蚀敏感性高，对下游的影响大； ②《全国主体功能区规划》列入重点生态功能地区
	II-3 防风固沙区	①干旱、半干旱地区等沙漠化敏感性高；沙尘对周边影响范围广、影响程度较大； ②《全国主体功能区规划》列入重点生态功能地区

分类	亚类	划分条件
II类区——生态功能保育区	II-4 生物多样性保护区	①濒危珍稀动植物的分布较广，典型的生态系统分布较多地区； ②《全国主体功能区规划》列入重点生态功能地区
III类区——食物环境安全保障区	III-1 粮食及优势农产品环境安全保障区	①农业部门确定的主要粮食（油料、经济作物等）产地分布区； ②国土部门划分的全国主要耕地分布地区
	III-2 牧产品境安全保障区	①以放牧为主的草原地区； ②农业部门确定的重点牧区、牧业县等范围
	III-3 水产品环境安全保障区	①海岛县、半海岛县和南海诸岛等地区； ②参考海洋部门海洋功能区划确定的近海渔业养殖捕捞区范围
IV类区——聚居环境维护区	IV-1 环境优化区	①人口分布密度较高、城镇化水平较高，经济规模较大，综合实力较强，区域开发强度较高的地区； ②《全国主体功能区规划》确定的重点开发区域
	IV-2 环境控制区	①城镇化、工业化潜力较大、污染排放和环境风险防范压力较大、环境质量尚可的地区； ②《全国主体功能区规划》确定的优化开发区域中的部分地区
	IV-3 环境治理区	①人口聚居度高、污染严重、治污设施不完善、环境质量较差的地区； ②《全国主体功能区规划》确定的优化开发区域中的部分地区
V类区——资源开发环境引导区	—	①矿产资源具备开发的技术经济条件； ②参考国土部门确定的主要矿产资源分布地区； ③参考《全国主体功能区规划》确定矿产资源点状开发的地区

3.3 生态环境空间评价技术

生态环境空间评价技术是指系统收集整理区域生态环境及经济社会等基础数据，开展综合分析评价，划定生态保护红线、环境质量底线、资源利用上线，明确环境管控单元，提出环境准入负面清单（图3-1）。

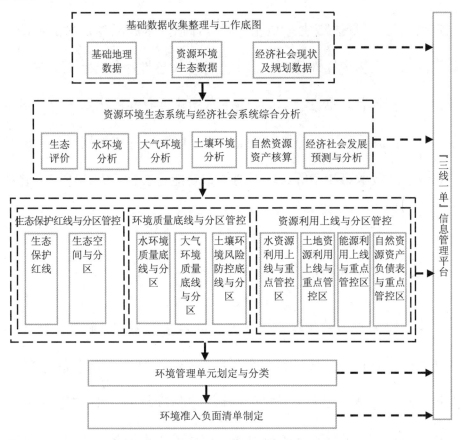

图 3-1 "三线一单"编制技术路线图

53

3.3.1 生态保护红线

3.3.1.1 生态评价

生态评价首先利用地理国情普查、土地调查及变更数据，提取森林、湿地、草地等具有自然属性的国土空间。按照《生态保护红线划定指南》，开展区域生态功能重要性评估（水源涵养、水土保持、防风固沙、生物多样性保护）和生态环境敏感性评估（水土流失、土地沙化、石漠化、盐渍化），按照生态功能重要性依次划分为一般重要、重要和极重要3个等级，按照生态环境敏感性依次划分为一般敏感、敏感和极敏感3个等级，识别生态功能重要性、生态环境敏感性区域分布。

3.3.1.2 生态空间划定

生态空间划定是指综合考虑维护区域生态系统完整性、稳定性的要求，结合构建区域生态安全格局的需要，基于重要生态功能区、保护区和其他有必要实施保护的陆域、水域和海域，同时考虑农业空间和城镇空间，在衔接土地利用和城市建设边界的基础上划定。生态空间原则上按限制开发区域管理。

3.3.1.3　明确生态保护红线

已经划定生态保护红线的地区，严格落实生态保护红线方案和管控要求。尚未划定生态保护红线的地区，按照《生态保护红线划定指南》划定。生态保护红线原则上按照禁止开发区域的要求进行管理，严禁不符合主体功能定位的各类开发活动，严禁任意改变用途。

3.3.2　环境质量底线

3.3.2.1　水环境质量底线

水环境质量底线是将国家确立的控制单元进一步细化，按照水环境质量分阶段改善、实现功能区达标和水生态功能修复提升的要求，结合水环境现状和改善潜力，对水环境质量目标、允许排放量控制和空间管控提出明确要求。具体的技术路线见图 3-2。

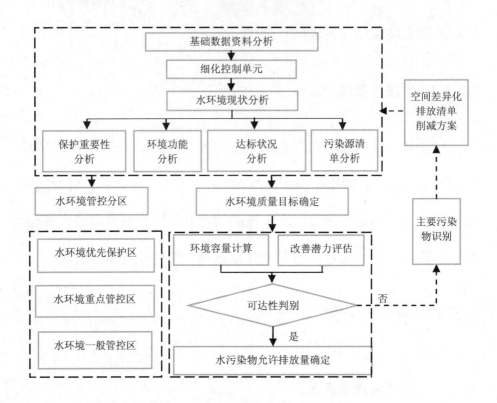

图 3-2　水环境质量底线确定技术路线

3.3.2.2　大气环境质量底线

　　大气环境质量底线的确定要按照分阶段改善和限期达标要求，根据区域大气环境和污染排放特点，考虑区域间污染传输影响，对大气环境质量改善潜力进行分析，对大气环境质量目标、允许排放量控制和空间管控提出明确要求。具体的技术路线见图 3-3。

56

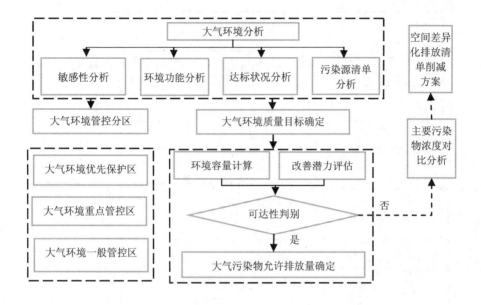

图 3-3　大气环境质量底线确定技术路线图

3.3.2.3　土壤环境风险防控底线

土壤环境风险防控底线是根据土壤环境质量标准及土壤污染防治相关规划、行动计划要求，对受污染耕地及污染地块安全利用、空间管控提出明确要求。具体的技术路线见图 3-4。

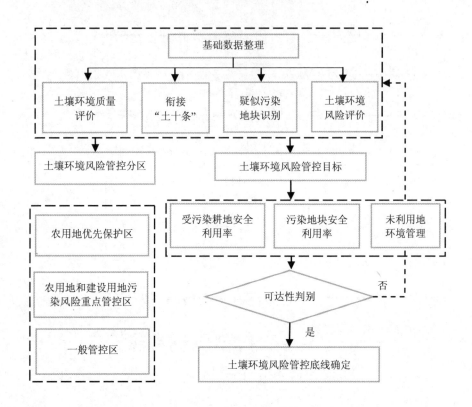

图 3-4　土壤环境风险防控底线确定技术路线

3.3.3　资源利用上线

3.3.3.1　水资源利用上线

水资源利用要求衔接。通过历史趋势分析、横向对比、指标分析等方法，分析近年水资源供需状况。衔接既有水资源管理制度，梳理用水总量、地下水开采总量和最低水位线、万元 GDP 用水量、万元工业增加值用水量、灌溉水有效利用系数等水资源开发利用管理要求，作为水资源利用上线管控要求。

生态需水量测算。基于水生态功能保障和水环境质量改善要求，对涉及重要功能（如饮用水水源）、断流、严重污染、水利水电梯级开发等河段，测算生态需水量等指标，明确需要控制的水面面积、生态水位、河湖岸线等管控要求，纳入水资源利用上线。

重点管控区确定。根据生态需水量测算结果，将相关河段等生态用水补给区纳入水资源重点管控区，实施重点管控。根据地下水超采、地下水漏斗、海水入侵等状况，衔接各部门地下水开采相关空间管控要求，将地下水严重超采区、已发生严重地面沉降、海（咸）水入侵等地质环境问题的区域，以及泉水涵养区等需要特殊保护的区域划为地下水开采重点管控区。

3.3.3.2 土地资源利用上线

土地资源利用要求衔接。通过历史趋势分析、横向对比、指标分析等方法，分析城镇、工业等土地利用现状和规划，评估土地资源供需形势。衔接国土、规划、建设等部门对土地资源开发利用总量及强度的管控要求，作为土地资源利用上线管控要求。

重点管控区确定。考虑生态环境安全，将农用地污染风险重点防控区、建设用地污染风险重点防控区等有开发限制性要求的区域确定为土地资源重点管控区。

3.3.3.3 能源利用上线

能源利用要求衔接。综合分析区域能源禀赋和能源供给能力，衔接国家、省、市能源利用相关政策与法规、能源开发利用规划、能源发展规划、节能减排规划，梳理能源利用总量、结构和利用效率要求，作为能源利用上线管控要求。

煤炭消费总量确定。已经下达或制定煤炭消费总量控制目标的城市，严格落实相关要求；尚未下达或制定煤炭消费总量控制目标的城市，以大气环境质量改善目标为约束，测算未来能源供需状况，采用污染排放贡献系数等方法，确定煤炭消费总量。

重点管控区确定。考虑大气环境质量改善要求，在人口密集、污染排放强度高的区域优先划定高污染燃料禁燃区，作为重点管控区。

3.3.3.4 自然资源资产核算及管控

自然资源资产核算。根据《编制自然资源资产负债表试点方案》，记录各区县行政单元区域内耕地、草地等土地资源面积数量和质量等级，天然林、人工林等林木资源面积数量和单位面积蓄积量，以及水库、湖泊等水资源总量、水质类别等自然资源资产期初、期末的实物量，核算自然资源资产数量和质量变动情况，编制自然资源资产负债表，构建各行政单元内自然资源资产数量增减和质量变化统计台账。

重点管控区确定。根据各区县耕地、草地、森林、水库、湖泊等自然资源核算结果，加强对数量减少、质量下降的自然资源开发管控。将自然资源数量减少、质量下降的区域作为自然资源重点管控区。

3.3.4 环境管控单元

3.3.4.1 环境管控单元划定

环境管控单元划定需将规划城镇建设区、乡镇街道、工业集聚区等边界与生态保护红线、生态空间、水环境重点管控区、大气环境重点管控区、土壤污染风险重点防控区、资源利用上线等空间管控分区进行叠加，采用逐级聚类的方法，确定环境管控单元。

3.3.4.2　环境管控单元分类

环境管控单元分类通过分析各环境管控单元生态、水、大气、土壤等环境要素的区域功能及自然资源利用的保护、管控要求等，将环境管控单元划分为优先保护、重点管控和一般管控等三类（表3-8）。

表3-8　环境管控单元分类

生态环境空间分区	管控单元分类		一般管控
	优先保护	重点管控	
生态空间分区	生态保护红线	其他生态空间	其他区域
水环境管控分区	水环境优先保护区	水环境工业污染重点管控区	
		水环境城镇生活污染重点管控区	
		水环境农业污染重点管控区	
大气环境管控分区	大气环境优先保护区	大气环境布局敏感重点管控区	
		大气环境弱扩散重点管控区	
		大气环境高排放重点管控区	
		大气环境受体敏感重点管控区	
土壤污染风险防控分区	农用地优先保护区	建设用地污染风险重点防控区	
		农用地污染风险重点防控区	

生态环境空间分区	管控单元分类		
	优先保护	重点管控	一般管控
自然资源管控分区	农用地优先保护区	生态用水补给区	其他区域
		地下水开采重点管控区	
		土地资源重点管控区	
		高污染燃料禁燃区	
		自然资源重点管控区	

优先保护单元：包括生态保护红线、水环境优先保护区、大气环境优先保护区、农用地优先保护区等，单元内以生态环境保护为主，禁止或限制大规模的工业发展、资源开发和城镇建设。

重点管控单元：包括生态保护红线外的其他生态空间、城镇和工业集聚区，人口密集、资源开发强度大、污染物排放强度高的区域，根据单元内水、大气、土壤、生态等环境要素的质量目标和管控要求，以及自然资源管控要求，综合确定准入、治理清单。

一般管控单元：包括除优先保护类和重点管控类之外的其他区域，单元内执行区域生态环境保护的基本要求。

3.3.5 环境准入清单编制

3.3.5.1 空间布局约束

对于各类优先保护单元以及其他生态空间，应从环境功能维护、生态安全保障等角度出发，优先从空间布局上禁止或限制有损该单元环境功能的开发建设活动。

3.3.5.2 污染物排放管控

对于水环境重点管控区、大气环境重点管控区等管控单元，应从加强污染排放控制的角度，重点从污染物种类、排放量、强度和浓度上管控开发建设活动，提出主要污染物允许排放量、新增源减量置换和存量源污染治理等方面的环境准入要求。

3.3.5.3 环境风险防控

对于各类优先保护单元、水环境工业污染重点管控区、大气环境高排放重点管控区，以及建设用地和农用地风险重点防控区，应提出环境风险管控的准入要求。

3.3.5.4 资源利用效率要求

对于生态用水补给区、地下水开采重点管控区、高污染燃料禁燃区、自然资源重点管控区等管控单元，应针对区域内资源开发的突出问题，加严资源开发的总量、强度和效率等管控要求。

具体要求详见表 3-9。

表 3-9 环境准入负面清单编制

管控类型	管控单元	编制指引
空间布局约束	生态保护红线	①严禁不符合主体功能定位的各类开发活动； ②严禁任意改变用途； ③已经侵占生态保护红线的，应建立退出机制、制定治理方案及时间表； ④结合地方实际，编制生态保护红线正面清单
	其他生态空间	①避免开发建设活动损害其生态服务功能和生态产品质量； ②已经侵占生态空间的，应建立退出机制、制定治理方案及时间表
	水环境优先保护区	①避免开发建设活动对水资源、水环境、水生态造成损害； ②保证河湖滨岸的连通性，不得建设破坏植被缓冲带的项目； ③已经损害保护功能的，应建立退出机制、制定治理方案及时间表

管控类型	管控单元	编制指引
空间布局约束	大气环境优先保护区	①应在负面清单中明确禁止新建、改扩建排放大气污染物的工业企业； ②制定大气污染物排放工业企业退出方案及时间表
	农用地优先保护区	①严格控制新建有色金属冶炼、石油加工、化工、焦化、电镀、制革等具有有毒有害物质排放的行业企业； ②应划定缓冲区域，禁止新增排放重金属和多环芳烃、石油烃等有机污染物的开发建设活动； ③现有相关行业企业加快提标升级改造步伐，并应建立退出机制、制定治理方案及时间表
污染物排放管控	水环境工业污染重点管控区；水环境城镇生活污染重点管控区	①应明确区域及重点行业的水污染物允许排放量； ②对于水环境质量不达标的管控单元：应提出现有源水污染物排放削减计划和水环境容量增容方案；应对涉及水污染物排放的新建、改扩建项目提出倍量削减要求；应基于水质目标，提出废水循环利用和加严的水污染物排放控制要求； ③对于未完成区域环境质量改善目标要求的管控单元：应提出暂停审批涉水污染物排放的建设项目等环境管理特别措施
	水环境农业污染重点管控区	①应科学划定畜禽、水产养殖禁养区的范围，明确禁养区内畜禽、水产养殖退出机制； ②应对新建、改扩建规模化畜禽养殖场（小区）提出雨污分流、粪便污水资源化利用等限制性准入条件； ③对于水环境质量不达标的管控区，应提出农业面源整治要求

管控类型	管控单元	编制指引
污染物排放管控	大气环境布局敏感重点管控区；大气环境弱扩散重点管控区；大气环境受体敏感重点管控区	①应明确区域大气污染物允许排放量及主要污染物排放强度，严格控制涉及大气污染物排放的工业项目准入； ②提出区域大气污染物削减要求
	大气环境高排放重点管控区	①应明确区域及重点行业的大气污染物允许排放量； ②对于大气环境质量不达标的管控单元：应结合源清单提出现有源大气污染物排放削减计划；对涉及大气污染物排放的新建、改扩建项目应提出倍量削减要求；应基于大气环境目标提出加严的大气污染物排放控制要求； ③对于未完成区域环境质量改善目标要求的：应提出暂停审批涉及大气污染物排放的建设项目环境准入等环境管理特别措施
环境风险防控	各优先保护单元；水环境工业污染重点管控区；水环境城镇生活污染重点管控区；大气环境受体敏感重点管控区	针对涉及有毒有害和易燃易爆物质的生产、使用、排放、贮运等新建、改扩建项目：应明确提出禁止准入要求或限制性准入条件以及环境风险防控措施

67

管控类型	管控单元	编制指引
环境风险防控	农用地污染风险重点防控区	①分类实施严格管控：对于严格管控类，应禁止种植食用农产品；对于安全利用类，应制定安全利用方案，包括种植结构与种植方式调整、种植替代、降低农产品超标风险； ②对于工矿企业污染影响突出、不达标的牧草地：应提出畜牧生产的管控限制要求 ③禁止建设向农用水体排放含有毒、有害废水的项目
	建设用地污染风险重点防控区	①应明确用途管理，防范人居环境风险； ②制定涉重金属、持久性有机物等有毒有害污染物工业企业的准入条件； ③污染地块经治理与修复，并符合相应规划用地土壤环境质量要求后，方可进入用地程序
资源开发效率要求	生态用水补给区	①应明确管控区生态用水量（或水位、水面）； ②对于新增取水的建设项目：应提出单位产品或单位产值的水耗、用水效率、再生水利用率等限制性准入条件； ③对于取水总量已超过控制指标的地区：应提出禁止高耗水产业准入的要求
	地下水开采重点管控区	①应划定地下水禁止开采或者限制开采区，禁止新增取用地下水； ②应明确新建、改扩建项目单位产值水耗限值等用水效率水平； ③对于高耗水行业：应提出禁止准入要求，建立现有企业退出机制并制定治理方案及时间表
	高污染燃料禁燃区	①禁止新建、扩建采用非清洁燃料的项目和设施； ②已建成的采用高污染燃料的项目和设施，应制定改用天然气、电或者其他清洁能源的时间表

管控类型	管控单元	编制指引
资源开发效率要求	自然资源重点管控区	①应明确提出对自然资源开发利用的管控要求，避免加剧自然资源资产数量减少、质量下降的开发建设行为； ②应建立已有开发建设活动的退出机制并制定治理方案及时间表

3.4　生态环境承载力评价技术

环境承载力是指在一定时期、一定状态或条件下、一定的区域范围内，在维持区域环境系统结构不发生质的变化、环境功能不遭受破坏的前提下，区域环境系统所能承受的人类各种社会经济活动的能力。环境承载能力评价主要表征区域环境系统对经济社会活动产生的各类污染物承受与自净能力。采用污染物浓度超标指数作为评价指标，通过主要污染物年均浓度监测值与国家现行环境质量标准的对比值来反映，由大气、水主要污染物浓度超标指数集成获得。

3.4.1　大气环境承载力评价

大气环境承载力以各项污染物的标准限值表征环境系统所能承受人类各种社会经济活动的阈值［限值采用《环境空气质量标准》

（GB 3095—2012）中规定的各类大气污染物浓度限值二级标准]，不同区域各类污染指标的超标指数计算公式如下：

$$R_{气ij} = C_{ij} / S_i - 1$$

式中，$R_{气ij}$——区域 j 内第 i 项大气污染物浓度超标指数；

C_{ij}——该污染物的年均浓度监测值（其中 CO 为 24 h 平均浓度第 95 百分位，O_3 为日最大 8 h 平均浓度第 90 百分位）；

S_i——该污染物浓度的二级标准限值；

i——某一污染物，i=1，2，…，6，分别对应 SO_2、NO_2、PM_{10}、CO、O_3、$PM_{2.5}$。

大气污染物浓度超标指数计算公式如下：

$$R_{气ij} = \max\left(R_{气ij}\right)$$

式中，$R_{气ij}$——区域 j 的大气污染物浓度超标指数，其值为各类大气污染物浓度超标指数的最大值。

3.4.2 水环境承载力评价

水环境承载力以各控制断面主要污染物年均浓度与该项污染物一定水质目标下水质标准限值的差值作为水污染物超标量。标准限制采用国家 2020 年各控制单元水环境功能分区目标中确定的各类水污染物浓度的水质标准限值。计算公式如下：

当 $i=1$ 时：

$$R_{水ijk} = 1/(C_{ijk}/S_{ik}) - 1$$

当 $i=2$，…，7 时：

$$R_{水ijk} = C_{ijk}/S_{ik} - 1$$

$$R_{水ij} = \sum_{k=1}^{N_j} R_{水ijk}/N_j, \quad i=1，2，…，7$$

式中，$R_{水ijk}$——区域 j 第 k 个断面第 i 项水污染物浓度超标指数；

$R_{水ij}$——区域 j 第 i 项水污染物浓度超标指数；

C_{ijk}——区域 j 的第 k 个断面第 i 项水污染物的年均浓度监测值；

S_{ik}——第 k 个断面第 i 项水污染物的水质标准限值；

i——某一污染物，$i=1$，2，…，7，分别对应 DO、COD$_{Mn}$、

BOD$_5$、COD$_{Cr}$、NH$_3$-N、TN、TP；

k——某一控制断面，$k=1$，2，…，N_j；

N_j——区域 j 内控制断面个数。

这里，当 k 为河流控制断面时，计算 $R_{水ijk}$，$i=1$，2，…，7；当 k 为湖库控制断面时，计算 $R_{水ijk}$，$i=1$，2，…，7。

水污染物浓度超标指数计算公式如下：

$$R_{水jk} = \max_i(R_{水ijk})$$

$$R_{水j} = \sum_{k=1}^{N_j} R_{水jk} / N_j$$

式中，$R_{水jk}$——区域 j 第 k 个断面的水污染物浓度超标指数；

$R_{水j}$——区域 j 的水污染物浓度超标指数。

3.4.3 环境承载力综合评价

污染物浓度的综合超标指数可采用极大值模型进行集成。计算公式如下：

$$R_j = \max\left(R_{气j}, R_{水j}\right)$$

式中，R_j——区域 j 的污染物浓度综合超标指数；

$R_{气j}$——区域 j 的大气污染物浓度超标指数；

$R_{水j}$——区域 j 的水污染物浓度超标指数。

3.4.4 环境承载力阈值的划分

根据污染物浓度综合超标指数，将评价结果划分为污染物浓度超标、接近超标和未超标三种类型。污染物浓度超标指数越小，表明区域环境系统为社会经济系统的支撑能力越强。通常，当 $R_j > 0$ 时，污染物浓度处于超标状态，当 R_j 介于–0.2～0 时，污染物浓度处于接近超标状态；当 R_j＜–0.2 时，污染物浓度处于未超标状态。

3.5 空间管理技术应用

3.5.1 编制出台相关技术规范

基于上述技术成果，原环境保护部编制出台相关技术规范。2012年 8 月，编制出台《环境功能区划编制技术指南（试行）》，用于指导试点省（区）开展环境功能区划编制工作；2016 年 9 月，环境保护部联合国家发展改革委等 13 部委印发《资源环境承载能力监测预警技术方法（试行）》，用于指导开展以县级行政区为单元的资源环境承载能力试评价工作；2017 年 12 月，环境保护部印发《"生态保护红线、环境质量底线、资源利用上线和环境准入负面清单"编制技术指南（试行）》，明确了"三线一单"编制的一般性原则、内容、程序、方法和要求。

3.5.2 不同尺度应用与实践

在全国层面，开展环境功能综合评估，大气和水环境承载能力

监测预警评价,提出全国环境功能区划方案和提高环境承载力的对策建议。

在区域层面,《青藏高原区域生态建设与环境保护规划（2011—2030 年）》（国发〔2011〕10 号）开展了环境功能区划编制工作;《京津冀协同发展生态环境保护规划》（发改环资〔2015〕2952 号）依据主体功能区规划,实施环境分区管治,确定了基于主导功能的环境分区管治体系;在长江经济带开展战略环评"三线一单"编制。

在省级层面,浙江、吉林、黑龙江、湖北、湖南、广西、河北、河南、四川、青海、海南、宁夏、新疆等13 个省（区）开展了环境功能区划编制试点。

在城市层面,新余、鄂州、梁子湖、中山、珠海、克拉玛依、苏家屯等多个市（县）的生态文明建设规划中均开展了环境功能分区研究,依据地区的环境功能差异进行环境功能区划分,明确分区环境管控政策;编制了福州、广州、宜昌、乌鲁木齐、伊春等多个城市环境总体规划;在连云港、济南、鄂尔多斯、承德等城市开展了"三线一单"试点工作。

3.5.3 其他管理领域应用

在京津冀地区城镇体系规划项目中，开展了京津冀地区生态环境承载力评估，明确了京津冀地区大气、水等主要污染物的承载情况。

在全国国土规划纲要重大专题研究中，明确了环境容量限制下的国土资源利用分区；在《全国矿产资源总体规划（2016—2020 年）》中的环境影响评价篇章编制、《青海省矿产资源规划（2016—2020 年）》环境影响评价报告编制项目中，开展了矿产资源勘查开发布局优化分析。在"十三五"全国油气资源评价项目中，开展了油气资源勘查开发布局优化分析。

3.5.4 设计开发相关系统平台

结合主要技术实践应用情况，设计开发相关系统平台，主要包括全国环境功能区划管理系统、矿产资源开发利用空间分布合理性评价系统、区县关键生态空间识别系统、（西藏）生态环境空间信息查询与管理系统、油气资源勘查开发重要生态保护空间划定系统等。

全国环境功能区划管理系统以环境功能区划成果数据为基础，构建全国环境功能区划框架体系。系统依托 GIS 技术、数据库技术、

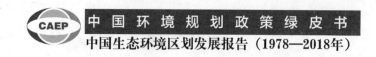
网络技术搭建面向全国环境功能区划管理的信息系统，提高环境功能区划专题信息的展示能力和数据管理能力。

矿产资源开发利用空间分布合理性评价系统以数据库系统、GIS系统和矿产资源开发利用空间分布合理性评价处理系统为核心，系统依托 GIS 技术、数据库技术、网络技术提供矿产资源开发利用空间分布合理性评价相关数据的访问、管理、汇总、检索、叠加分析及展示等功能，为矿产资源开发利用提供管理技术支撑。

区县关键生态空间识别系统通过数据库子系统、GIS 子系统、生态空间识别处理子系统提供区县关键生态空间识别相关数据的存储、查询、地理信息关联、图层叠加、控制，识别数据的融合、数据扣除和叠加处理、分类统计和识别成果发布等。

西藏生态环境空间信息查询与管理系统从决策者需求角度出发，设计搭建西藏自治区生态环境空间信息展示查询系统平台框架，开发环境功能区划和生态保护红线查询与管理系统，对区划和红线划分成果进行展示和查询。

油气资源勘查开发重要生态保护空间划定系统是用于油气资源区域重点生态空间的识别和开发利用空间布局的优化，包括基础数据的预处理、相关数据的空间叠置分析和图集文本格式的生成发布等。

图 3-7　软件著作权证书

4

分区政策进展

4.1 水环境管理领域

4.1.1 水环境功能区管治政策

水环境功能区划是水环境分级管理和落实环境管理目标的重要基础，是生态环境主管部门对各类环境要素实施统一监督管理的需要。对于水环境功能区的管治，主要依据《地表水环境质量标准》（GB 3838—2002），采取分类管治（表4-1）。

表 4-1　水环境功能区管治要求

水环境功能区	管治要求
自然保护区	为了保护自然环境和自然资源，促进国民经济的持续发展，对有代表性的自然生态系统、珍稀濒危动植物物种的天然集中分布区、有特殊意义的自然遗迹等保护对象所在区域，由县级以上人民政府依法划出一定面积的陆地和水体，予以特殊保护和管理、执行地表水环境质量Ⅰ类标准
饮用水水源保护区	在饮用水水源地取水口附近划定的、执行地表水环境质量Ⅱ类标准的水域和陆域为一级保护区；在一级保护区外划定的、执行地表水环境质量标准Ⅲ类标准的水域和陆域为二级保护区
渔业用水区	通常按水质政策不同划分为珍贵鱼类保护区和一般鱼类用水区，珍贵鱼类保护区主要包括珍稀水生生物栖息地、鱼虾类产卵场、仔稚幼鱼的索饵场，执行地表水环境质量标准Ⅱ类标准，一般鱼类用水区包括鱼虾类越冬场、洄游通道、水产养殖区等渔业水域，执行地表水环境质量Ⅲ类标准
工业用水区	工业用水区的水质应满足地表水的生态保护政策、下游水环境功能区高功能用水的水质政策，执行地表水环境质量Ⅳ类标准
农业用水区	农业用水区的水质以满足地表水的生态保护政策、下游水环境功能区高功能用水的水质政策为依据，严于农业灌溉用水标准，执行地表水环境质量Ⅴ类标准
景观娱乐用水区	景观娱乐用水区水质最低政策达到地表水环境质量Ⅴ类标准
混合区	混合区是不执行《地表水环境质量标准》的特殊水域（排放口所在水域），是污水与清水逐步混合、逐步稀释、逐步达到水环境功能区水质政策的水域，是位于排放口与水环境功能区之间的劣Ⅴ类水质水域

水环境功能区	管治要求
过渡区	过渡区执行相邻水环境功能区对应高低水质类别之间的中间类别水质标准，体现水域水质的递变特征。下游用水政策高于上游水质状况、有双向水流且水质政策不同的相邻功能区之间可划定过渡区

4.1.2 水功能区管治政策

为规范水功能区的管理、加强水资源管理和保护，2003 年 7 月水利部施行《水功能区管理办法》。为全面加强水功能区监督管理、有效保护水资源、保障水资源的可持续利用、推进生态文明建设，水利部于 2017 年 2 月对《水功能区管理办法》进行了修订，并更名为《水功能区监督管理办法》，按照分区结果来制定管治政策，具体见表 4-2。

表 4-2 水功能区管治要求

水功能区	定义	管治要求
保护区	保护区是对源头水保护、饮用水保护、自然保护区、风景名胜区及珍稀濒危物种的保护具有重要意义的水域	禁止在饮用水水源一级保护区、自然保护区核心区等范围内新建、改建、扩建与保护无关的建设项目和从事与保护无关的涉水活动

水功能区	定义	管治要求
保留区	保留区是为未来开发利用水资源预留和保护的水域	保留区应当控制经济社会活动对水的影响，严格限制可能对其水量、水质、水生态造成重大影响的活动
缓冲区	缓冲区是为协调省际、矛盾突出地区间的用水关系，衔接内河功能区与海洋功能区、保护区与开发利用区水质目标划定的水域	缓冲区应当严格管理各类涉水活动，防止对相邻水功能区造成不利影响。在省界缓冲区内从事可能不利于水功能区保护的各类涉水活动，应当事先向流域管理机构通报
开发利用区	开发利用区是为满足工农业生产、城镇生活、渔业、景观娱乐和控制排污等需求划定的水域	开发利用区应当坚持开发与保护并重，充分发挥水资源的综合效益，保障水资源可持续利用。同时具有多种使用功能的开发利用区，应当按照其最高水质目标政策的功能实行管理
饮用水水源区	饮用水水源区是为城乡提供生活饮用水划定或预留的水域。已经提供城乡生活饮用水的饮用水水源，应当划定饮用水水源保护区，优先保证饮用水水量、水质	在饮用水水源保护区内，禁止设置（含新建、改建和扩大，下同）排污口。为城乡预留生活饮用水的饮用水水源区，应当加强水质保护，严格控制排放污染物，不得新增入河排污量
工农业用水区	工业用水区是为满足工业用水需求划定的水域，农业用水区是为满足农业灌溉用水需求划定的水域	工业用水区和农业用水区应当优先满足工业和农业用水需求，严格执行取水许可有关规定。在工业用水区和农业用水区设置入河排污口的，排污单位应当保证该水功能区水质符合工业和农业用水目标政策

81

水功能区	定义	管治要求
渔业用水区	渔业用水区是为保护水生生物养殖需求划定的水域	渔业用水区应当维护渔业用水的基本水量需求，保护天然水生生物的重要栖息地、产卵场、越冬场、索饵场及主要洄游通道，并按照渔业用水水质政策，禁止排放对鱼类生长、繁殖有严重影响的重金属及有毒有机物。从事水产养殖的单位和个人应当严格控制水污染，确保水功能区水质达标
景观娱乐用水区	景观娱乐用水区是为满足景观、娱乐和各种亲水休闲活动需求划定的水域	景观娱乐活动不得危及景观娱乐用水区的水质控制目标
过渡区	过渡区是为使水质政策有差异的相邻水功能区顺利衔接划定的水域	过渡区应当按照确保下游水功能区符合水质控制目标的政策实施管理，严格控制可能导致水体自净能力下降的涉水活动
排污控制区	排污控制区是集中接纳生活、生产废污水且对下游水功能区功能不会造成重大不利影响的水域	在排污控制区排放废污水，不得影响下游水功能区水质目标。县级以上地方人民政府应当结合城市综合整治措施，逐步减少排污控制区

4.1.3　水环境控制单元管治政策

根据《重点流域水污染防治规划（2016—2020 年）》，综合考虑控制单元水环境问题严重性、水生态环境重要性、水资源禀赋、人口和工业聚集度等因素，全国共划分 580 个优先控制单元和 1 204 个一般控制单元，结合地方水环境管理需求，优先控制单元进一步细分为 283 个水质改善型和 297 个防止退化型单元，实施分级分类管理，因地制宜综合运用水污染治理、水资源配置、水生态保护等措施，提高污染防治的科学性、系统性和针对性。

4.1.4 水生态功能区管治政策

针对水生态环境功能区，目前尚未出台相应的管治政策，多停留在研究阶段。2015 年，在环境保护部水环境管理司的组织下，相关研究团队完成了全国水生态功能分区方案、典型流域水生态功能分区方案以及全国控制单元划分方案的整合，最终形成了全国流域水生态环境功能分区方案，包括 10 个生态流域区、338 个水生态控制区和 1 784 个水环境控制单元。

研究团队以辽河、赣江流域为示范区，完成了流域水生态功能区管理的政策示范。据了解，该团队形成了《流域水生态功能区管理综合决策技术指南》《流域水生态功能区管理的监测评估技术指南》（建议稿）。其中，制定了流域水生态功能区管理办法，提出区域性生

态补偿机制和将水生态保护目标纳入水环境管理的财政分配制度，并建立了一套基于流域水生态保护责任的考核机制，但相关的技术文件至今未发布。

4.2 大气环境管理领域

4.2.1 "两控区"管治政策

1998 年 1 月 12 日，国务院批准了"两控区"划分方案，并提出控制目标和对策。为实现"两控区"2000 年和 2010 年污染控制目标，在执行已有的环境管理法律、法规和政策的基础上，还应进一步实施以下更有利于控制二氧化硫污染的政策与措施。

一是要制定"两控区"综合防治规划。各地人民政府和有关部门制定相应的酸雨和二氧化硫污染综合防治规划以及分阶段二氧化硫总量控制计划，并纳入当地国民经济和社会发展计划，组织实施。按照"谁污染，谁治理"的原则，落实防治项目和治理资金。

二是限制高硫煤的开采和使用。建议自 1998 年 1 月 1 日起，各地区和有关部门禁止审批新建煤层含硫分大于 3%的煤矿。已建成的生产煤层含硫分大于 3%的矿井，逐步实行限产或关停。新建、改建含硫分大于 1.5%的煤矿，应当配套建设相应规模的煤炭洗选设施。现有煤矿应按照国务院煤炭行政主管部门和有关部门制定规划的要求，分期分批补建煤炭洗选设施。到 2000 年，"两控区"城市市区民用炉灶应禁止燃用未经洗选加工或固硫成型的原煤。

三是重点治理火电厂污染，削减二氧化硫排放总量。建议自 1998 年 1 月 1 日起，各地区和有关部门不得批准在"两控区"大中城市市区内（城区和近郊区）新建燃煤火电厂（以热定电的热电厂除外）。"两控区"内新建、改造燃煤含硫量大于 1%的电厂，必须建设脱硫设施。现有燃煤含硫量大于 1%的电厂，要在 2000 年前采取减排二氧化硫的措施，在 2010 年前分期分批建成脱硫设施或采取其他相应效果的减排二氧化硫措施。

四是防治化工、冶金、有色、建材等行业生产过程排放的二氧化硫污染。要严格执行《大气污染防治法》规定的限期淘汰严重污染大气环境的工艺和设备的制度，已建项目要按期淘汰国家公布淘汰的工艺和设备，禁止在新建、改造项目中使用淘汰的工艺和设备。对"两控区"内超标排放二氧化硫的工业锅炉、窑炉等排放源限期治理，经过限期治理仍不达标的应予以关停。建议有关主管部门在安排防治二氧化硫污染的技术改造、综合利用、清洁生产等项目和资金方面，要

向"两控区"倾斜。

五是大力研究开发二氧化硫污染防治技术和设备。建议国家有关部门将有关脱硫技术、设备的研究、开发、推广、应用列入规划和年度计划，在有关项目和资金的安排上，向"两控区"倾斜。机械部及有关部门应加强有关脱硫设备的生产制造。有关部门积极推动脱硫环保产业的发展。

六是做好二氧化硫排污收费工作，运用经济手段促进治理。各地要按照《国务院关于二氧化硫排污收费扩大试点工作有关问题的批复》（国函〔1996〕24号）要求，认真做好二氧化硫排污费的征收、管理和使用工作，其中用于重点排污单位专项治理二氧化硫的资金比例不得低于90%。

七是强化"两控区"环境监督管理。为了及时了解和掌握二氧化硫污染和酸雨控制的动态，为政府决策提供科学依据，应建立二氧化硫和酸雨的监测网络，对"两控区"内重点二氧化硫排放源要求安装在线式连续监测计量装置，并进行长期监测。所需资金主要应由地方政府解决，建议国家有关部门给予一定的支持。

4.2.2 环境空气质量功能区管治政策

环境空气质量功能区管治主要按照《环境空气质量标准》（GB 3095—2012）中的质量要求。一类区适用一级浓度限值，二类区适用二级浓度限值。

4.3 土壤环境管理领域

4.3.1 土壤环境功能区管治政策

土壤环境功能区划是实现土壤环境"分类分区"管理的重要支撑。但是土壤环境功能区划起步较晚，国内外研究均不成熟。2010年，环境保护部自然生态保护司组织专家起草了《土壤环境功能区划（征求意见稿）》，初步提出土壤环境功能区划定义，指依据各土壤环境单元的承载力（环境容量）及环境质量的现状和发展变化趋势，结合土地利用方式和社会经济发展对土壤环境质量要求,对区域土壤进行的合理划分。它既包括基于土壤环境本身环境功能的差异而进行的土壤目标分区,也包括为了保护土壤环境功能而进行的政策和措施分区，目前"土壤环境功能区划"并未正式发布。

4.3.2 土壤环境优先保护区域管治政策

为了进一步贯彻落实《国务院办公厅关于印发近期土壤环境保护和综合治理工作安排的通知》（国办发〔2013〕7 号）中提出的要确定土壤环境保护优先区域，原环境保护部印发了关于贯彻落实《国务院办公厅关于印发近期土壤环境保护和综合治理工作安排的通知》，对土壤环境保护优先区域提出了管治对策。

针对优先区域，各地要根据区域环境特征、污染源类型及分布情况，建立并实行严格的土壤环境保护制度。禁止在优先区域内新建有色金属、皮革制品、石油、煤炭、化工、医药、铅蓄电池制造等项目，在优先区域周边新建可能影响土壤环境质量的项目也要从严控制。对严重影响优先区域土壤环境质量的工矿企业要限期予以治理，未达到治理要求的要依法责令停业或关闭，并对其造成的土壤污染进行治理。各地应结合当地实际，探索农药、化肥、农膜等农用投入品使用的环境监管办法。

4.3.3 土壤污染综合防治先行区管治政策

2017 年 11 月，环境保护部、财政部联合印发《关于加强土壤污染综合防治先行区建设的指导意见》，明确在台州市、黄石市、常德市、韶关市、河池市、铜仁市启动土壤污染综合防治先行区建设，总结形成一批具有地方特色、可复制、可推广的土壤污染防治模式，力争到 2020 年先行区土壤环境质量得到明显改善。

按照国家有关技术要求，根据土壤污染程度、农产品质量情况，率先在先行区开展耕地土壤环境质量类别划分试点工作，将耕地划分为优先保护类、安全利用类和严格管控类。对优先保护类耕地，实施严格保护，将符合条件的优先保护类耕地划为永久基本农田，创新保护措施，确保其面积不减少、土壤环境质量不下降。对安全利用类耕地，有关县（市、区）要在 2018 年年底前制定实施受污染耕地安全利用方案，优先采取农艺调控、替代种植等措施，降低农产品超标风险；确需采取治理与修复工程措施的，应当优先采取不影响农业生产、不降低土壤生产功能的修复措施。对严格管控类耕地，要依法划定特定农产品禁止生产区域，通过采取种植结构调整、退耕还林还草等措施，实现安全利用。对受污染耕地，要识别污染来源和途径，采取切断污染途径、整治污染源等措施，防止新增污染。要探索耕地土壤污染形势研判机制，有针对性地加强耕地土壤环境监测，并及时预警。

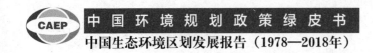
4.4 自然生态管理领域

2015 年 11 月，环境保护部和中国科学院发布《全国生态功能区划（修编版）》，将全国生态功能区按主导生态系统服务功能归类，分为水源涵养生态功能区、生物多样性保护生态功能区、土壤保持生态功能区、防风固沙生态功能区、洪水调蓄生态功能区、农产品提供功能区、林产品提供功能区、大都市群、重点城镇群，并对各类型区生态保护的主要方向做了要求（表 4-3）。

表 4-3　生态功能区管治政策

生态功能区	管治要求
水源涵养生态功能区	①对重要水源涵养区建立生态功能保护区，加强对水源涵养区的保护与管理，严格保护具有重要水源涵养功能的自然植被，限制或禁止各种损害生态系统水源涵养功能的经济社会活动和生产方式，如无序采矿、毁林开荒、湿地和草地开垦、过度放牧、道路建设等。 ②继续加强生态保护与恢复，恢复与重建水源涵养区森林、草地、湿地等生态系统，提高生态系统的水源涵养能力。坚持自然恢复为主，严格限制在水源涵养区大规模人工造林。 ③控制水污染，减轻水污染负荷，禁止导致水体污染的产业发展，开展生态清洁小流域的建设。 ④严格控制载畜量，实行以草定畜，在农牧交错区提倡农牧结合，发展生态产业，培育替代产业，减轻区内畜牧业对水源和生态系统的压力

生态功能区	管治要求
生物多样性保护生态功能区	①开展生物多样性资源调查与监测，评估生物多样性保护状况、受威胁原因。 ②禁止对野生动植物进行滥捕、乱采、乱猎。 ③保护自然生态系统与重要物种栖息地,限制或禁止各种损害栖息地的经济社会活动和生产方式,如无序采矿、毁林开荒、湿地和草地开垦、道路建设等。防止生态建设导致栖息环境的改变。 ④加强对外来物种入侵的控制,禁止在生物多样性保护功能区引进外来物种。 ⑤实施国家生物多样性保护重大工程,以生物多样性重要功能区为基础,完善自然保护区体系与保护区群的建设
土壤保持生态功能区	①调整产业结构,加速城镇化和新农村建设的进程,加快农业人口的转移,降低人口对生态系统的压力。 ②全面实施保护天然林、退耕还林、退牧还草工程,严禁陡坡垦殖和过度放牧。 ③开展石漠化区域和小流域综合治理,协调农村经济发展与生态保护的关系,恢复和重建退化植被。 ④在水土流失严重并可能对当地或下游造成严重危害的区域实施水土保持工程,进行重点治理。 ⑤严格资源开发和建设项目的生态监管,控制新的人为水土流失。 ⑥发展农村新能源,保护自然植被
防风固沙生态功能区	①在沙漠化极敏感区和高度敏感区建立生态功能保护区,严格控制放牧和草原生物资源的利用,禁止开垦草原,加强植被恢复和保护。 ②调整传统的畜牧业生产方式,大力发展草业,加快规模化圈养牧业的发展,控制放养对草地生态系统的损害。 ③积极推进草畜平衡科学管理办法,限制养殖规模。 ④实施防风固沙工程,恢复草地植被,大力推进调整产业结构,退耕还草,退牧还草等措施

生态功能区	管治要求
洪水调蓄生态功能区	①加强洪水调蓄生态功能区的建设，保护湖泊、湿地生态系统，退田还湖，平垸行洪，严禁围垦湖泊湿地，增加调蓄能力。 ②加强流域治理，恢复与保护上游植被，控制水土流失，减少湖泊、湿地萎缩。 ③控制水污染，改善水环境。 ④发展避洪经济，处理好蓄洪与经济发展之间的矛盾
农产品提供功能区	①严格保护基本农田，培养土壤肥力。 ②加强农田基本建设，增强抗自然灾害的能力。 ③加强水利建设，大力发展节水农业；种养结合，科学施肥。 ④发展无公害农产品、绿色食品和有机食品；调整农业产业和农村经济结构，合理组织农业生产和农村经济活动。 ⑤在草地畜牧业区，要科学确定草场载畜量，实行季节畜牧业，实现草畜平衡；草地封育改良相结合，实施大范围轮封轮牧制度
林产品提供功能区	①加强速生丰产林区的建设与管理，合理采伐，实现采育平衡，协调木材生产与生态功能保护的关系。 ②改善农村能源结构，减少对林地的压力
大都市群	加强城市发展规划，控制城市规模，合理布局城市功能组团；加强生态城市建设，大力调整产业结构，提高资源利用效率，控制城市污染，推进循环经济和循环社会的建设
重点城市群	以生态环境承载力为基础，规划城市发展规模、产业方向；建设生态城市，优化产业结构，发展循环经济，提高资源利用效率；加快城市环境保护基础设施建设，加强城乡环境综合整治；城镇发展坚持以人为本，从长计议，节约资源，保护环境，科学规划

5

发 展 趋 势 与 建 议

5.1 发展趋势

5.1.1 我国生态环境本底特点决定了区域差异化管理的基础

我国幅员辽阔，不同地区的自然地理条件和经济社会发展水平差异较大，地区间自然地理条件和经济社会发展水平的差异，造成了生态环境问题突出的空间差异特征。东部地区环境污染物排放总量大，部分重点流域和海域水污染严重，京津冀地区等部分区域大气环境问题突出，农村和土壤环境污染逐渐凸显，生态环境形势严峻。西北干旱半干旱区和青藏高寒区污染物排放总量较小，但是自然条件相对恶劣，生态环境极其脆弱敏感，部分地区生态系统功能退化明显。因此，

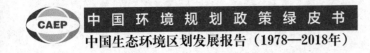

生态环境问题的空间异质性决定了要构建差异化的环境管理机制。

5.1.2 生态环境部门职能转变提出了更高要求

党的十九大报告明确提出："到 2035 年国家治理体系和治理能力现代化基本实现，到 2050 年实现国家治理体系和治理能力现代化。"生态环境治理体系和治理能力是国家治理体系和治理能力中重要的一环，《生态环境部职能配置、内设机构和人员编制规定》明确了生态环境部的职能转变，要求"构建政府为主导、企业为主体、社会组织和公众共同参与的生态环境治理体系"。从生态环境角度建立分区管治体系，实行差别化的管理政策，有利于提升生态环境治理能力，对于加强生态环境保护、完善生态环境治理体系具有重要意义。

5.1.3 国家规划体系和空间规划体系建设要求衔接路径

近日，中共中央、国务院发布《关于统一规划体系更好发挥国家发展规划战略导向作用的意见》，提出要"建立以国家发展规划为统领，以空间规划为基础，以专项规划、区域规划为支撑，由国家、省、市县各级规划共同组成，定位准确、边界清晰、功能互补、统一衔接的国家规划体系。"生态环境规划作为国家规划体系的重要组成部分，存在各级规划边界、定位不清情况突出，生态环境保护空间规划尚需加强等问题，难以发挥生态环境优化经济社会发展的指导作用。开展生态环境分区管治工作，有助于完善生态环境规划体系，同时可以协调统筹各生态环境要素管理需求，提出前置性引导和要求，为融入空间规划体系提供支撑。

5.2 对策建议

5.2.1 加快制定生态环境功能区划，开展分区生态环境综合管治

建议抓紧编制实施统筹各生态环境要素空间管控需求的综合性生态环境分区管治方案，明确生态环境空间管控工作的核心，厘清生态环境空间管控工作的总体思路和政策框架。首先在生态环境系统内部，树立起以生态环境分区管治方案为依据，实行生态环境分区管理、分类指导的空间管控理念。在此基础上，综合考虑水、大气、土壤、生态等各方面生态环境要素空间管控需求，加快完善涵盖各要素管理领域的配套政策与保障机制。

对不同生态环境管治分区的开发建设活动实施有效监管，查处重大生态环境违法问题。对于城镇地区，重点监督大气、水、噪声、固体

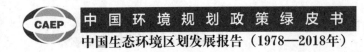

废物等污染防治，强化建设项目环境影响评价事中、事后监管；对于农业地区，重点监管土壤、大气、固体废物等污染防治，监督农业面源污染治理；对于生态地区，重点监管生态保护红线、各类自然保护地，监督对生态环境有影响的自然资源开发利用活动、重要生态环境建设和生态破坏恢复，监督野生动植物保护、湿地生态环境保护、荒漠化防治等。打破行政区划界限，划分生态环境管治分区，明确不同区域的环境功能定位，以及分区的环境质量要求，制定相应的生态环境控制目标、标准和要求，制定差别化的绩效考核评价体系。以此为基础，逐步整合完善生态保护红线、战略环境影响评价、生态保护补偿、生态环境绩效考核、重点区域（流域）污染防治等各方面的生态环境空间管控政策措施，在改变以往环境管理"一刀切"的同时，为各级环保部门实行精细化管理提供综合性的政策依据。建立国家生态环境空间信息数据平台，提高生态环境空间管控决策系统化、科学化、精细化、信息化水平，实时监控人类干扰活动，及时发现破坏生态环境功能的行为。

5.2.2 加快完善生态环境规划区划体系，推进生态环境分区管治

2018 年国务院机构改革，提出组建生态环境部统一行使生态和

城乡各类污染排放监管与行政执法职责。需要系统谋划生态环境保护顶层战略，统筹规划研究、编制、实施、评估、考核、督查的全链条管理，重构新型生态环境规划体系，建立"国家—省—市—县—乡"五级规划管理制度体系。以生态环境规划为统领，统筹建立生态环境保护基础制度。

（1）横向生态环境规划体系

横向上，生态环境规划应覆盖所有生态环境保护的内容，覆盖城乡生态环境所有要素，实现生态环境统筹规划、统筹保护、统筹治理、统筹监督。并以生态环境功能为基础，以生态环境质量为核心，系统确定全国和重点区域的生态环境保护的基础框架，强化分区域、分阶段实施的规划体系，形成生态环境规划的全国战略框架和重点区域、重点流域、重点领域、重大政策相结合的规划体系（图5-1）。

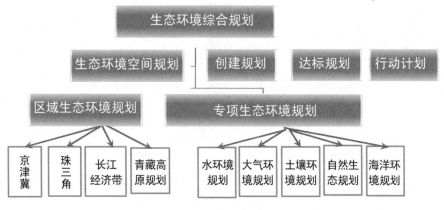

图5-1　国家生态环境规划体系（横向）

（2）纵向生态环境规划体系

纵向上，建立"国家—省—市—县—镇"五个层级的生态环境规划体系。国家规划做好"顶层设计"，统筹制定总体战略、领域和区域生态环境保护目标、重大任务、政策措施体系与重大工程项目，以综合规划为主。省级规划落实国家要求、明确区域生态环境保护安排。市县镇级生态环境规划以具体实施为主要目标。明确规划编制、实施的央地关系，强化国家对省级规划的指导和审查备案，避免上下一般粗，形成各级规划各有侧重的生态环境分级管治体系（图5-2）。

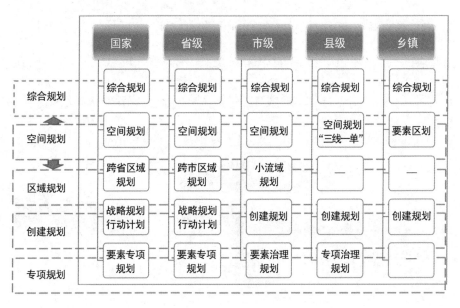

图 5-2　国家生态环境规划体系（纵向）

各级规划以生态环境保护 5 年规划为基础，统领本级行政辖区生态环境各领域事务。跨省、市、县的重点生态环境完整单元（如长江经济带、京津冀协同发展区、青藏高原区域），由上一级编制区域生态环境规划；市、县级专题规划以创建模范城市、生态市县建设等，以及水、大气、土壤等重点控制区治理达标和生态修复规划为主。各级生态环境空间规划（生态环境功能区划）应有机融入各级规划中，综合规划中要衔接综合区划的内容，专项规划中要衔接要素区划与专项管治的要求内容。

5.2.3　加强与国土规划体系的衔接融合

中共中央、国务院《关于统一规划体系更好发挥国家发展规划战略导向作用的意见》（中发〔2018〕44 号），明确了以国家发展规划为统领、以国家空间规划为基础、以国家区域规划和国家专项规划为支撑的国家规划体系。

生态环境专项规划将作为国家重点专项规划，需要与国家空间规划和国家发展规划相衔接，除了要对生态环境保护领域制定细化落实的时间表和路线图、提出针对性和操作性的重点任务，更要衔接国家空间规划，在统筹整合各类生态环境空间管控要求的基础上，将生

态环境分区管治方案作为环境管理参与政府国土空间管控综合决策的统一接口，积极将生态环境空间管控的各项要求融入国家空间规划体系。

国家和省级层面，对接国家空间规划体系，以生态环境分区分类目标要求为依据，对优化国土空间开发格局提供指引。在衔接国务院及国务院有关部门制定的政策和规划过程中，依据生态环境分区分类管理政策，提出优化相关政策或规划空间布局及配套政策的生态环境空间管控要求；在市（县）级层面，积极将生态环境空间管控要求融入市县空间规划"多规合一"，采取建设项目环境影响评价、排污许可管理等手段，强化生态环境空间管控要求，使其能够切实体现在市、县级政府关于城镇空间、农业空间、生态空间的战略布局中，科学强化地方环保部门的综合话语权。